Vulkane
und Erdbeben

Vulkane
und Erdbeben
Ursachen und Auswirkungen

Ravensburger Buchverlag

Inhalt

Dynamische Erde 6

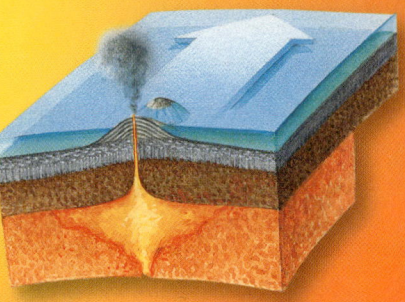

Erdbeben 20

Vulkane 36

Wegweiser zum Wissen

Erdbeben und Vulkane ist anders als jedes Sachbuch, das du je gelesen hast.
Du kannst am Anfang beginnen, dich über das heiße Innere der Erde informieren
und dann bis zum Schluss weiterlesen und etwas über Vulkane auf anderen
Planeten erfahren. Falls du dich jedoch besonders für Erdbeben interessierst,
dann schlag das Kapitel „Der Boden schwankt" auf und lies von dort
aus weiter.

Weitere Entdeckungen, die dich auf neue Wege führen, kannst du in den
Spezialkästchen machen. Lies Augenzeugenberichte über Vulkanausbrüche und
Erdbeben in „Insidestory" oder führe mithilfe von „Sei aktiv!" eigene Experimente
durch. Gehe im „Wörterbuch" Begriffen nach oder verblüffe deine Freunde
mit den erstaunlichen Tatsachen in der Rubrik „Schon gewusst?" Jedes Mal,
wenn du in diesem Buch liest, kannst du deinen eigenen Weg einschlagen –
er bringt dich dahin, wo du hinwillst.

INSIDESTORY
Wo etwas passiert

Fliege mit den Geologen Keith und Dorothy Stoffel über den
ausbrechenden Mount St. Helens und lies den Bericht des Foto-
grafen Carl Mydans über ein schweres Erdbeben in Japan. Lass
dir erzählen, wie der Postbeamte Masao Mimatsu miterlebte,
wie sich ein Vulkan bildete. INSIDESTORY erzählt von bedeu-
tenden Wissenschaftlern, beängstigenden Erschütterungen und
gefährlichen Eruptionen. Wenn du dir vorstellst, du wärest
selbst dabei gewesen, dann begreifst du, wie man sich fühlt,
wenn man erderschütternde Ereignisse miterlebt.

WÖRTERBUCH

Was für ein seltsames
Wort! Was bedeutet es?
Woher kommt es?
Lies darüber nach im Kästchen
WÖRTERBUCH.

SCHON GEWUSST?

Beeindruckende Fakten,
verblüffende Rekorde,
faszinierende Zahlen – all
dies findest du im Kästchen
SCHON GEWUSST?

SEI AKTIV!
Rüttle und backe

Baue einen Rütteltisch, um die Standfestigkeit von Gebäuden zu
testen. Backe einen Vulkankuchen, aus dem Schokoladenlava
herausquillt. Konstruiere deinen eigenen Seismografen
und registriere damit Erschütterungen. Betrachte durch
ein Fernglas die Spuren von Lavaströmen auf dem Mond.
SEI AKTIV! liefert Anleitungen für Experimente, die das
Hauptthema der jeweiligen Seite veranschaulichen.

WEGWEISER

Im Kästchen **WEGWEISER**
wirst du zu anderen Themen
geführt, die mit dem, was du
gerade liest, in Zusammenhang
stehen.

Auf die Plätze!
Fertig! Los!

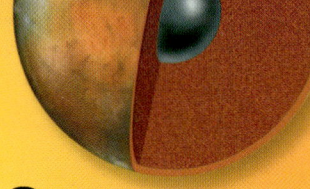

Seite **8**

Weißt du, wie die Planeten unseres Sonnensystems entstanden sind? Die Erde besteht aus mehreren Schichten. Wie werden sie genannt? Lies nach bei **Der heiße Kern**.

Dynamische Erde

Unser Planet wird ständig von Beben und Explosionen erschüttert, weil Gestein in Bewegung gerät. Dafür ist die Wärme im Erdkern verantwortlich. Diese Wärme bewirkt, dass Teile des Gesteins zwischen dem Kern und der Oberfläche emporsteigen oder absinken. Diese mit den Strömungen in heißem Wasser vergleichbare Zirkulation zerrt an der Erdkruste und hat dazu geführt, dass sie im Laufe von Millionen von Jahren in Platten zerbrochen ist. Diese Platten gleiten langsam auseinander, stoßen zusammen oder reiben sich. Wenn sich eine Platte plötzlich bewegt, spüren wir die Bewegung als Erdbeben. Wenn das Gestein unter einer Platte schmilzt, kann das geschmolzene Gestein sich einen Weg an die Oberfläche bahnen, und ein Vulkan bricht aus.

Seite **10**

Wie entstehen bei Plattenkollisionen Vulkane? Strömungen im Erdinnern bewirken Bewegungen der Erdkruste. Wie heißen diese Strömungen? Lies nach bei **Driftende Kontinente**.

Seite **12**

Kann ein Kontinent wirklich zerbrechen? Was passiert, wenn er es tut? Wusstest du, dass das längste Gebirge der Erde unter dem Meer liegt? Lies nach bei **Auf dem Meeresboden**.

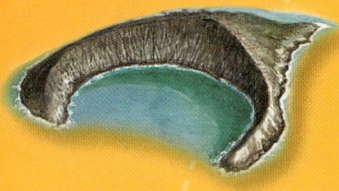

Das Innere
des Mondes

Das Innere
des Mars

Das Innere
der Venus

Der heiße Kern

Niemand kann bis ins Innere der Erde vordringen, denn die Hitze und der Druck sind dort so groß, dass selbst der härteste Bohrer schon in einer Tiefe von 13 Kilometern schmelzen würde. Aber wenn eine solche Reise möglich wäre, würdest du zuerst eine Gesteinsschicht passieren, die als Kruste bezeichnet wird. Unter Land ist die Kruste dicker als unter Ozeanen; an ihrer dünnsten Stelle beträgt ihre Dicke nur 5 Kilometer, aber der dickste Teil der Kruste ist 70 Kilometer tief. Unter der Kruste liegt der Mantel. Sein oberer Teil ist fest, der tiefere dagegen weich. Der Mantel ist mehr als 40-mal so dick wie der dickste Teil der Kruste.

Wenn du den Mantel durchdringen könntest, kämest du zum Kern. Sein äußerer Teil besteht aus geschmolzenem Eisen, der innere dagegen ist fest. Der Mittelpunkt der Erde liegt 6370 Kilometer unter dir. Um diese Entfernung zu bewältigen, müsstest du etwa 8 Stunden mit einem Flugzeug reisen. Hier herrscht eine Temperatur, die 50-mal höher ist als die von kochendem Wasser, und ein Druck, der 5 Millionen Mal so groß ist wie der Druck der Luft auf unseren Körper.

Kruste
5 – 70 km dick

Mantel
2900 km dick

Äußerer Kern
2250 km dick

Innerer Kern
1200 km dick

Im 17. Jahrhundert stieg der deutsche Gelehrte Athanasius Kircher in einen Vulkan ein, um mehr über das Innere des Planeten herauszufinden. Er gelangte zu dem Schluss, dass Vulkane durch Lavaflüsse miteinander verbunden sind, die aus Feuern im Erdinnern entspringen.

EIN WACHSENDER PLANET

Unser Sonnensystem ist aus einer riesigen Staub- und Gaswolke entstanden. Vor ungefähr 4,6 Milliarden Jahren fing diese Wolke an zu rotieren, wodurch heiße Gase in ihr Zentrum gezogen wurden. Aus ihnen bildete sich die Sonne. In den äußeren Bereichen prallten Staub und Gesteinsbrocken zusammen und verschmolzen zu Planeten. Die Erde ist vor etwa 4,5 Milliarden Jahren entstanden. Was an Staub und Gasen noch übrig war, wurde vom Strahlungsdruck der Sonne aus dem Sonnensystem herausgeblasen.

Die Erde wurde ständig von Meteoriten bombardiert, und radioaktive Materialien im Erdinnern zerfielen und setzten Wärme frei. Gestein begann zu schmelzen, schwerere Metalle sanken zur Mitte hin ab, leichtere Mineralien blieben in den äußeren Bereichen. Kurz nach ihrer Entstehung stürzte ein kleiner Planet auf die Erde. Aus den Trümmern entstand der Mond.

Das Wort **MANTEL** ist vom lateinischen mantellum abgeleitet, das Hülle oder Decke bedeutet.

Ein **METEOR** ist eine Lichterscheinung am Himmel. Sie entsteht, wenn ein Gesteinsbrocken aus dem Weltall in der Atmosphäre verglüht. Wenn er auf der Erde einschlägt, wird er **METEORIT** genannt. Beide Begriffe sind von griechisch meteoron (in der Luft schwebend) abgeleitet.

Die bei der Entstehung der Erde freigesetzte Energie war so groß, dass sie noch heute, nach 4 Milliarden Jahren, Vulkanausbrüche antreibt.

Vulkane können Gesteine und Mineralien aus bis zu 600 Kilometern Tiefe nach oben bringen. Darunter können auch Diamanten sein.

- Die feste Erdkruste besteht aus vielen Teilen, die ständig in Bewegung sind. Lies mehr darüber auf S. 10–11.
- Bewegungen der Erdkruste sind eine der Ursachen von Erdbeben. Lies über die schwersten Erdbeben auf S. 30–31.
- Die Erde ist nicht der einzige Planet, auf dem es Erdbeben und Vulkane gibt. Mehr darüber steht auf S. 60–61.

In vielen Teilen der Welt durchbrechen glühend heiße Ströme aus geschmolzenem Gestein, Magma genannt, die Erdkruste und treten als Lava an der Erdoberfläche hervor. Wissenschaftler untersuchen die in der Lava enthaltenen Gesteine und Mineralien, um mehr über das heiße Erdinnere zu erfahren.

Meteoriten sind Gesteinsbrocken aus dem Weltraum, die auf der Erde aufschlagen. Die meisten stammen aus dem Asteroidengürtel, einer Ansammlung von Brocken, die zwischen Mars und Jupiter um die Sonne kreisen. Viele von ihnen bestehen aus Eisen, ähnlich wie die Gesteine im Erdkern. Wissenschaftler studieren Asteroiden, um mehr über den Erdkern zu erfahren.

INSIDESTORY

Aus Wellen lernen

Wissenschaftler erforschen die Erde, indem sie die Schockwellen beobachten, die von Erdbeben ausgelöst werden. Geschwindigkeit und Verlauf der Wellen sagen ihnen, welche Arten von Gestein sie durchlaufen. Bis um 1930 wusste man nur, dass die Erde eine Kruste, einen Mantel und einen Kern hat. Dann begann die dänische Wissenschaftlerin Inge Lehmann, sich mit Erdbeben zu beschäftigen. Aus ihren Aufzeichnungen über die Geschwindigkeit von Schockwellen ging hervor, dass manche Wellen beim Passieren des Kerns ihre Richtung ändern. 1936 veröffentlichte Inge Lehmann einen Artikel, der auf die Möglichkeit eines festen inneren Kerns hinwies.

Die Bombardierung mit Meteoriten hinterließ auf der Oberfläche der Erde und des Mondes riesige Narben und gewaltige Lavameere. Als die Lava abkühlte, bildete sich auf beiden Himmelskörpern eine feste Kruste. Im Erdinnern entstand ein Metallkern. Vor ungefähr drei Milliarden Jahren hatte sich der Mond fast vollständig verfestigt.

Im Laufe der Zeit bildeten sich die Gesteine und Mineralien im Erdinneren drei Schichten – den Kern, den Mantel und die Kruste. Vulkane und Meteoriten brachten Gase und Wasser in die Erdatmosphäre. Ozeane entstanden und schließlich auch Pflanzen und Tiere.

Villarrica, ein
Vulkan in Chile

Torres del Paine, erodierte
Vulkankuppen in Chile

Cotopaxi, ein Vulkan
in Ecuador

Driftende Kontinente

In einer Tiefe von 80 bis 240 Kilometern unter der Erdoberfläche werden die Gesteine des Mantels weich, und an manchen Stellen schmelzen sie. So entsteht eine Zwischenzone, die Asthenosphäre genannt wird. Über der Asthenosphäre bilden die feste obere Schicht des Mantels und die Kruste eine harte Schale. Diese Schale, die Lithosphäre, schwimmt auf der zähflüssigen Asthenosphäre. Weil die Asthenosphäre weich ist, steigen ihre heißeren Teile auf und beginnen abzukühlen. Sobald sie kühl genug sind, sinken sie wieder ab. Durch dieses ständige Aufsteigen und Absinken entsteht eine Art Zirkulation, die als Konvektionsströmung bezeichnet wird. Diese Ströme stoßen und zerren an der Lithosphäre, sodass die äußere Schale der Erde in viele Teile, die tektonischen Platten, zerbrochen ist. Wo die Konvektionsströme nach oben drängen, schieben sie die tektonischen Platten auseinander. Im Laufe von Jahrmillionen zerbersten driftende Platten, sodass Kontinente zusammenstoßen und Ozeane sich öffnen oder verschwinden. Dieser Prozess dauert an und verändert langsam die Oberfläche unseres Planeten.

Der Ostpazifische Rücken im Pazifischen Ozean ist ein divergierender Rand. Hier treibt aufsteigendes Magma die Pazifische und die Nazca-Platte auseinander. Da Teile der Platten unterschiedlich schnell driften, bilden sich Risse, die als Transform-Verwerfungen bezeichnet werden. Dort, wo die Nazca-Platte mit der Südamerikanischen Platte zusammenstößt, hat sie einen konvergierenden Rand. Hier schiebt sich die dünne ozeanische Platte unter die kontinentale Platte und schmilzt im Mantel.

Die Lithosphäre setzt sich aus tektonischen Platten zusammen. Diese Platten haben drei verschiedene Ränder. Wo Platten auseinanderdriften, spricht man von divergierenden, wo sie zusammenstoßen, von konvergierenden Rändern. Wenn sie aneinander vorbeigleiten, entstehen Verwerfungsränder.

Nansenrücken

EURASISCHE PLATTE

Reykjanesrücken

Anatolische Verwerfung

ARABISCHE PLATTE

AFRIKANISCHE PLATTE

Mittelatlantischer Rücken

Ostafrikanischer Graben

Javagraben

INDO-AUSTRALISCHE PLATTE

Südwestindischer Rücken

Südostindischer Rücken

PAZIFISCHE PLATTE

Divergierender Rand

Transform-Verwerfung

Lithosphäre

NAZCA-PLATTE

Konvergierender Rand

Konvektions-ströme

Asthenosphäre

SÜD-AMERIKANISCHE PLATTE

Durch ständiges Messen des Abstands zwischen einem Satelliten, wie dem hier abgebildeten, und einer Empfangsstation auf der Erde können Wissenschaftler die Bewegungen der tektonischen Platten verfolgen.

WÖRTERBUCH

LITHOSPHÄRE ist aus den griechischen Wörtern lithos (Stein) und sphaira (Kugel) zusammengesetzt. Die weiche Asthenosphäre erhielt ihren Namen nach sphaira und dem griechischen Wort asthenes (weich).

Das griechische Wort tektonikos bedeutet „zum Bau gehörig". In der Geologie bezieht sich **TEKTONISCH** auf die Strukturen der Erdoberfläche.

SCHON GEWUSST?

Gesteine in Südamerika und Südafrika, die heute 10 000 km voneinander entfernt sind, lagen einst dicht beisammen. Sie wurden durch die Bewegung des Meeresbodens getrennt.

Die Pazifische und die Nazca-Platte bewegen sich jährlich etwa 18 Zentimeter voneinander fort.

WEGWEISER

- Divergierende Platten können Ozeane entstehen lassen. Wie das passiert, erfährst du auf S. 14–15.
- Platten stoßen auf unterschiedliche Weise zusammen. Lies S. 14–15.
- Wissenschaftler benutzen Satelliten zur Erdbebenvorhersage. Mehr darüber steht auf S. 26–27.

SYMBOLE
Bewegungsrichtung
Divergierender Rand
Konvergierender Rand
Transform-Verwerfung
Kleinere Transform-V.

NORD-AMERIKANISCHE PLATTE

Aleutengraben

Kurilengraben

JUAN DE FUCA-PLATTE

GORDA-PLATTE

San-Andreas-Verwerfung

Marianengraben

KARABISCHE PLATTE

PHILIPPINEN-PLATTE

COCOS-PLATTE

KAROLINEN-PLATTE

PAZIFISCHE PLATTE

SÜD-AMERIKANISCHE PLATTE

IDSCHI-PLATTE

Tongugraben

NAZCKA-PLATTE

Ostpazifischer Rücken

Peru und Atacamegraben

Alpenverwerfung

SCOTIA-PLATTE

ANTARKTISCHE PLATTE

TEILE EINES PUZZLES

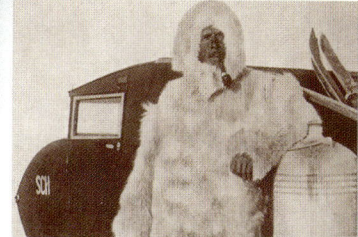

Der deutsche Wissenschaftler Alfred Wegener vermutete, dass die Kontinente einst einen einzigen Kontinent gebildet hatten, den er Pangaea nannte. Neuere Untersuchungen haben seine Theorie bestätigt. Diese Karten zeigen die Wanderungen der Kontinente über ihren heutigen Positionen.

Vor etwa 200 Millionen Jahren bildeten die Landmassen einen einzigen Kontinent. Dann dehnte sich der Meeresboden aus, und der Riesenkontinent zerbrach.

Vor 120 Millionen Jahren wurde Nordamerika von Afrika getrennt, und der breiter werdende Indische Ozean schob Indien nach Norden.

Vor 65 Millionen Jahren war der Atlantik bereits ein breiter Ozean und Indien auf Kollisionskurs mit der Eurasischen Platte.

SEI AKTIV!

Konvektionsströme

Du kannst selbst herausfinden, wie Konvektionsströme entstehen.

1. Fülle ein großes Glas mit kaltem Wasser. Dann füllst du ein kleineres Glas mit heißem Wasser und tust ein paar Tropfen rote Speisefarbe hinein.
2. Decke das kleinere Glas mit der Hand ab und stelle es auf den Boden des größeren Glases. Nimm die Hand weg und sieh zu, was passiert.

Das rote Wasser steigt im kalten Wasser auf und breitet sich nach außen aus. Das passiert, weil das rote Wasser heißer ist als das klare. Sobald das rote Wasser abkühlt, beginnt es zu sinken. Auf diese Weise entsteht ein Konvektionsstrom. Dasselbe passiert im Mantel der Erde. Heißes Gestein steigt in Richtung Lithosphäre auf. Dort kühlt es ab und sinkt. Diese Gesteinsbewegungen verschieben die tektonischen Platten der Erde.

Auf dem Meeresboden

Tief unter den Ozeanen ragen hohe Rücken vom Meeresboden auf und bilden die längste Gebirgskette der Erde. In diesen Rücken liegen gewaltige Spalten der Erdkruste. Konvektionsströme im Mantel pressen Magma durch diese Spalten. Lava ergießt sich über den Meeresboden oder erstarrt in den Spalten. Wenn die Lava abkühlt, drückt sie den Meeresboden nach außen weg, und die Platten zu beiden Seiten der Spalten werden wie auf Fließbändern in entgegengesetzte Richtungen befördert.

Neue ozeanische Kruste bildet sich in zwei Schichten. Lava, die den Meeresboden erreicht, kühlt rasch ab und erstarrt zu Blöcken, sogenannter Kissenlava. In den Spalten erstarrte Lava bildet senkrechte Säulen, Gänge genannt. Unter den Gängen bildet der Mantel gewaltige Blöcke grobkörnigen Gesteins.

Von Schiffen oder Satelliten ausgesandte Laserstrahlen sowie Radar- und Sonarsignale werden vom Meeresboden zurückgeworfen und geben Aufschlüsse über seine Form. Bagger und Bohrer holen Gesteinsproben aus der Tiefe, und mutige Männer erforschen den Meeresboden von Tauchbooten aus.

Forscher stoßen in den ozeanischen Rücken auf eine unheimliche Welt. Ständig brechen Vulkane aus. Aus sogenannten „Schwarzen Schloten" quillt heißes Wasser hervor, das reich an Mineralien ist und bestimmten Fischen und Würmern einen Lebensraum bietet.

INSIDESTORY

Eine neue Theorie

Der amerikanische Geologe Harry Hess war der erste Wissenschaftler, der erklären konnte, weshalb sich der Meeresboden verbreitert. Während des Zweiten Weltkriegs befehligte Hess ein Landungsschiff, das über Echolot verfügte und mit dem er den Meeresboden vermessen konnte. In den 1960er-Jahren fanden andere Forscher heraus, dass der Meeresboden sehr dünn ist. Hess gelangte zu dem Schluss, dass geschmolzenes Gestein emporquillt und neue Kruste und Gebirge bildet. Außerdem vermutete er, dass der Meeresboden, wenn er sich verbreiterte, mit Kontinenten zusammenstieß und wieder in den Mantel absank.

Mithilfe von Informationen, die ihnen Satelliten sowie Sonar- und Radargeräte liefern, können die Wissenschaftler Karten vom Meeresboden anfertigen. Hier sind die ozeanischen Rücken in Hellblau dargestellt.

ZERREISSUNGSVORGÄNGE
Viele Ozeane begannen ihr Leben als Grabenzonen. Ein Graben entsteht, wenn Konvektionsströme aufsteigen und die Kruste dehnen, bis sie zerreißt. Wenn der Graben breiter wird, kann Wasser aus einem nahen Ozean einfließen. So entsteht ein neues Meer, das ständig größer wird.

Wenn Konvektionsströme Land zerreißen, entstehen Verwerfungen. Das Land kippt zur Seite, sinkt ab und bildet ein breites Tal, aus dessen Grund Lava herausquellen kann.

Die heiße Asthenosphäre wölbt sich in die Verwerfungszone hinein. Sinkt das Land noch weiter ab, strömt Wasser ein. Neuer Meeresboden schiebt die Landmassen auseinander.

WÖRTERBUCH

Aus vom Meeresboden zurückgeworfenen **RADAR**- und **SONAR**signalen können Wissenschaftler ein Bild von der Form des Meeresbodens erstellen. Radar ist die Abkürzung von „Radio Detection and Reading" und Sonar die von „Sound Navigation Ranging".

RIFT kommt vom dänischen Wort rift, was „Spalte" bedeutet.

SCHON GEWUSST?

Der mittelozeanische Rücken ist 75 000 Kilometer lang und zieht sich von der Arktis durch den Atlantik, um Afrika und Australien herum und durch den Pazifik bis nach Nordamerika.

In den 1980er-Jahren wurden rund um Schwarze Schlote im Pazifik zwei neue Arten von Röhrenwürmern entdeckt, die bis zu 3 Meter lang werden können. Sie leben in bis zu 300 °C heißem Wasser und ernähren sich von Bakterien.

WEGWEISER

• Ozeanische Rücken bilden sich dort, wo Konvektionsströme Magma hochpressen. Auf S. 11 steht, wie du Konvektionsströme erzeugen kannst.
• Grabenbrüche sind Verwerfungen. Mehr darüber steht auf S. 16–17.
• Die Dehnung des Meeresbodens reißt Island auseinander. Lies dazu S. 56–57.

Schwarze Schlote

Kissen-lava

Gang

Das Rote Meer in Nordafrika begann sich vor 20 Millionen Jahren zu bilden. Es fing damit an, dass die Kruste zerriss und ein Graben entstand. Als er sich verbreitete und vertiefte, strömte Wasser ein. Das Rote Meer wächst auch heute noch und schiebt Afrika und die Arabische Halbinsel auseinander.

Mittelozeanischer Rücken

Mit dem Graben wird auch das Meer breiter. Der Meeresboden bewegt sich nach außen, wird fest und sinkt ab, und beiderseits des Grabens ragt ein Gebirge auf.

Wie Bäume weist auch der Meeresboden Wachstumsringe auf. Wenn geschmolzenes Gestein abkühlt, richten sich die in ihm enthaltenen Eisenteilchen wie eine Kompassnadel nach dem jeweiligen Magnetfeld der Erde aus. Dieses Magnetfeld hat sich im Laufe von Millionen von Jahren mehrmals umgekehrt. So sind Gesteinsbänder entstanden, die teils zum Nordpol, teils zum Südpol hin gerichtet sind. Mit ihrer Hilfe können Geologen das Alter des Meeresbodens bestimmen und messen, wie schnell er sich verbreitet.

▲ normales Magnetfeld

▼ umgekehrtes Magnetfeld

Mount Augustine,
Subduktionsvulkan, USA

Mayon, Inselbogen-
vulkan, Philippinen

Zusammenstöße

Tektonische Platten befinden sich immer auf einem Kollisionskurs. Wo sie aufeinandertreffen, stoßen sie mit unvorstellbarer
Gewalt aneinander. Wenn zwei kontinentale Platten frontal
kollidieren, wird das Land gestaucht und große Gebirge falten
sich auf. Platten, die in einem kleinen Winkel zusammenstoßen,
reiben sich aneinander und bilden eine Verwerfung. Bei den
meisten Zusammenstößen drückt die dickere, stärkere Platte
die dünnere, schwächere herunter. Dieser Vorgang wird
Subduktion genannt.

Subduktion findet in der Regel dann statt, wenn eine dünne
ozeanische Platte mit einer dickeren ozeanischen oder einer
kontinentalen Platte kollidiert. Der Rand der dickeren Platte
verformt sich und wird aufgefaltet, der der dünneren sinkt ab.
Dieser Vorgang kann Erdbeben auslösen. Die in den Mantel
absinkende dünnere Platte beginnt zu schmelzen. Hitze und
Druck befördern das geschmolzene Gestein an die Oberfläche,
wo Vulkane ausbrechen. An Land entsteht auf diese Weise
meist ein Gebirge mit zahlreichen Vulkanen. Wenn
es um zwei ozeanische Platten geht, entsteht
eine Kette von Vulkaninseln, ein
sogenannter Inselbogen.

Das höchste Gebirge der Erde, der
Himalaja in Asien, ist entstanden,
als vor 60 Millionen Jahren die
Indische und die Eurasische Platte
zusammenstießen. Durch die Auffaltung der Gesteinsschichten
ist die kontinentale Kruste
hier bis zu 70 Kilometer dick.

Dieses Profil zeigt die drei Haupttypen von Plattenkollisionen. Links stößt ozeanische Kruste mit
kontinentaler Kruste zusammen, und es entstehen
Subduktionsvulkane. In der Mitte führt der Zusam-
menstoß von zwei Kontinenten zur Auffaltung eines
Gebirges. Rechts treffen zwei ozeanische Platten
aufeinander, und es bildet sich ein Inselbogen.

Im Laufe der Subduk-
tion kann ein Tiefsee-
graben entstehen.

Kontinentale Kruste
wird zu einem hohen
Gebirge aufgefaltet.

Magma quillt
empor und
bildet Vulkane.

Subduktions-
zone

KONTINENTE IN BEWEGUNG
Nachdem Pangaea zerbrach, gehörte
Indien zu dem großen Südkontinent
Gondwana. Vor rund 145 Millionen Jahren
brach Indien von Gondwana ab und driftete nach Norden.

Vor etwa 60 Millio-
nen Jahren waren sich
Indien und Eurasien sehr
nahe gekommen. Der indische Meeresboden schob
sich unter Eurasien; dadurch wurde die Kruste
aufgefaltet, und es entstand eine Vulkankette.

WÖRTERBUCH

SUBDUKTION ist aus lateinisch sub (unter) und duco (ziehen) zusammengesetzt. Bei der Subduktion wird eine Platte unter eine andere gezogen.

Der **HIMALAJA** erhielt seinen Namen nach zwei Sanskrit-Wörtern: hima (Schnee) und alaya (Heimat). Für die Einheimischen ist das Gebirge die Heimat des Schnees.

SCHON GEWUSST?

Der tiefste Ozeangraben ist der Marianengraben im Pazifik. Er ist 11 Kilometer tief, was bedeutet, dass der Mount Everest, der höchste Berg der Erde, in ihm verschwinden könnte.

Teile des Omangebirges in Arabien waren einst Meeresboden. Sie bildeten sich vor rund 100 Millionen Jahren unter dem Indischen Ozean und wurden durch Plattenbewegungen aufgefaltet.

WEGWEISER

- Zu Kollisionen kommt es, weil ozeanische Platten auseinanderdriften. Mehr darüber erfährst du auf S. 12–13.
- Plattenkollisionen können Schockwellen und damit Erdbeben auslösen. Deshalb gibt es die meisten Erdbeben an Plattenrändern. Lies dazu S. 30–31.
- Subduktionskräfte lassen Magma durch die Kruste aufsteigen, wo es als Lava ausbricht. Mehr über Vulkanausbrüche auf S. 38–39.

SEI AKTIV!

Falte selbst Kruste auf

Du kannst zusehen, wie sich die Erdkruste wölbt und auffaltet.

1. Nimm mehrere Stücke bunte Knetmasse, rolle sie zu dünnen Streifen aus und lege die Streifen dann aufeinander. Stell dir vor, das wäre ein Teil der Erdkruste.
2. Lege die Knetmasse auf eine glatte Fläche und schiebe die Ränder mit den Fingern oder zwei Holzklötzen aufeinander zu. Was passiert?

In der Mitte faltet sich die Masse zusammen und hebt sich. Dasselbe passiert, wenn zwei Kontinente zusammenstoßen. Die Kruste wölbt und hebt sich und wird zu einem Gebirge aufgefaltet.

Der Mount Tavurvur nahe Rabaul in Papua-Neuginea ist ein Inselbogenvulkan. Er liegt an einem konvergierenden Rand zwischen der Pazifischen und der Indo-Australischen Platte. 1994 sind sowohl der Mount Tavurvur als auch der benachbarte Mount Vulcan ausgebrochen.

Magma durchbricht die Kruste und bildet einen Vulkaninselbogen.

Die dünne ozeanische Platte wird unter die dickere ozeanische Platte gedrückt.

Subduktionszone

Als die beiden Landmassen gegeneinanderdrückten, wurden Teile des Meeresbodens hochgeschoben. Noch heute kann man auf dem Himalaja, Tausende von Metern über dem Meeresspiegel, fossile Muscheln finden.

Als die Auffaltung weiterging, wurde ein Teil der Kruste wie die Bugwelle eines Schiffes nach außen gedrückt. Der Himalaja wächst noch heute weiter – in den letzten 3 Millionen Jahren ist er 3000 Meter höher geworden.

Aufschiebung

Abschiebung

Verwerfungen

Der ungeheuere Druck, den die driftenden Platten ausüben,
kann auch härtestes Gestein zerbrechen lassen. Solche Bruch-
zonen werden Verwerfungen genannt. Kleinere Verwerfungen
kann man an Felswänden und Uferböschungen sehen. Große
Verwerfungen können Hunderte von Kilometern lang sein.
Der Typ einer Verwerfung hängt davon ab, wie sich das Gestein
bewegt. Wenn es sich auseinanderbewegt, rutscht eine Seite ab,
und man spricht von einer Abschiebung. Wenn es sich zusammen-
schiebt, erhebt sich die eine Seite gewöhnlich über die andere,
und es kommt zu einer Aufschiebung. Manchmal gleiten die
Gesteine auf beiden Seiten der Bruchzone in entgegengesetzter
Richtung oder mit unterschiedlicher Geschwindigkeit aneinander
vorbei. Dadurch entsteht eine Verwerfung, die als Seitenverschiebung bezeichnet wird.
Bei einer Abschiebung entstehen lange Klippen, und zwischen
zwei Abschiebungen kann das Land zu einem tiefen Graben
einsinken. Bei Aufschiebungen können Berge entstehen, die
aussehen wie Häuser mit steilen Pultdächern. Aufschiebungen
in einem flachen Winkel werden Überschiebungen genannt
und können lange, niedrige Bergketten bilden. Bei Seitenverschiebungen können die Gesteinsarten an beiden Seiten
sehr unterschiedlich sein, sodass die Verwerfung deutlich
zu erkennen ist.

Die San-Andreas-Verwerfung in
Kalifornien, USA, ist 1000 km
lang. Von einem Flugzeug aus
ist sie auf fast ganzer Länge deutlich zu sehen. An ihrer Westseite
gleitet die Pazifische Platte langsam nach Nordwesten, und an
ihrer Ostseite bewegt sich die
Amerikanische Platte nach Südosten. In den letzten 150 Millionen Jahren haben sich die Platten
560 km in entgegengesetzte
Richtungen verschoben.

**Kleine Verwerfungen sind in Schichtgestein zu
erkennen. Auf diesem Foto ist deutlich zu sehen,
dass die linke Seite um Armeslänge abgesackt
ist. Man spricht von einer
Abschiebung.**

GROSSE VERWERFUNGEN

Seitenverschiebung

Aufschiebungen

**Seitenverschiebungen durchziehen die Landschaft
mit tiefen Rissen und stellen unterschiedliche
Gesteinsarten nebeneinander. Manchmal wird
das Land auch zu niedrigen Gebirgen aufgefaltet.
Große Seitenverschiebungen sind die San Andreas-,
die Atacama- und die Philippinen-Verwerfung.**

**Große Aufschiebungen können Bergketten entstehen
lassen. Wenn eine Platte gegen eine andere stößt,
zerbrechen Teile der Erdkruste und kippen. Land-
blöcke werden in die Höhe geschoben. Die Berge
fallen an der einen Seite steil und an der anderen
Seite in einem flacheren Winkel ab.**

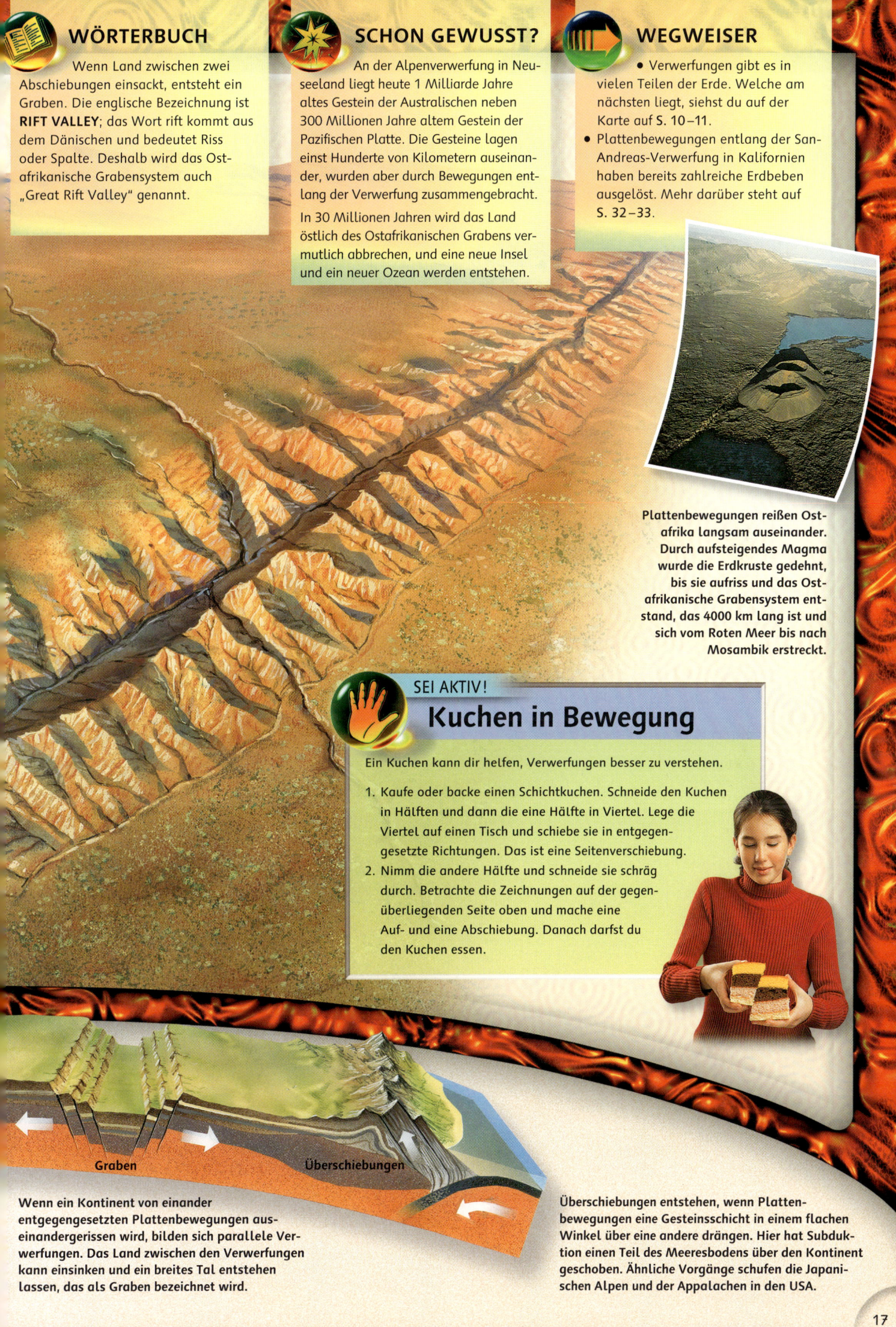

WÖRTERBUCH

Wenn Land zwischen zwei Abschiebungen einsackt, entsteht ein Graben. Die englische Bezeichnung ist **RIFT VALLEY**; das Wort rift kommt aus dem Dänischen und bedeutet Riss oder Spalte. Deshalb wird das Ostafrikanische Grabensystem auch „Great Rift Valley" genannt.

SCHON GEWUSST?

An der Alpenverwerfung in Neuseeland liegt heute 1 Milliarde Jahre altes Gestein der Australischen neben 300 Millionen Jahre altem Gestein der Pazifischen Platte. Die Gesteine lagen einst Hunderte von Kilometern auseinander, wurden aber durch Bewegungen entlang der Verwerfung zusammengebracht.

In 30 Millionen Jahren wird das Land östlich des Ostafrikanischen Grabens vermutlich abbrechen, und eine neue Insel und ein neuer Ozean werden entstehen.

WEGWEISER

- Verwerfungen gibt es in vielen Teilen der Erde. Welche am nächsten liegt, siehst du auf der Karte auf S. 10–11.
- Plattenbewegungen entlang der San-Andreas-Verwerfung in Kalifornien haben bereits zahlreiche Erdbeben ausgelöst. Mehr darüber steht auf S. 32–33.

Plattenbewegungen reißen Ostafrika langsam auseinander. Durch aufsteigendes Magma wurde die Erdkruste gedehnt, bis sie aufriss und das Ostafrikanische Grabensystem entstand, das 4000 km lang ist und sich vom Roten Meer bis nach Mosambik erstreckt.

SEI AKTIV!

Kuchen in Bewegung

Ein Kuchen kann dir helfen, Verwerfungen besser zu verstehen.

1. Kaufe oder backe einen Schichtkuchen. Schneide den Kuchen in Hälften und dann die eine Hälfte in Viertel. Lege die Viertel auf einen Tisch und schiebe sie in entgegengesetzte Richtungen. Das ist eine Seitenverschiebung.
2. Nimm die andere Hälfte und schneide sie schräg durch. Betrachte die Zeichnungen auf der gegenüberliegenden Seite oben und mache eine Auf- und eine Abschiebung. Danach darfst du den Kuchen essen.

Graben   Überschiebungen

Wenn ein Kontinent von einander entgegengesetzten Plattenbewegungen auseinandergerissen wird, bilden sich parallele Verwerfungen. Das Land zwischen den Verwerfungen kann einsinken und ein breites Tal entstehen lassen, das als Graben bezeichnet wird.

Überschiebungen entstehen, wenn Plattenbewegungen eine Gesteinsschicht in einem flachen Winkel über eine andere drängen. Hier hat Subduktion einen Teil des Meeresbodens über den Kontinent geschoben. Ähnliche Vorgänge schufen die Japanischen Alpen und der Appalachen in den USA.

Bora-Bora, Französisch-Polynesien
(10 Millionen Jahre alt)

Lord-Howe-Insel, Australien
(7 Millionen Jahre alt)

Molokini, Hawaii, USA
(4000 Jahre alt)

Hot Spots

An vielen Orten haben sich im Laufe der Erdgeschichte tief im Mantel Regionen mit extrem heißem Gestein gebildet, die Hot Spots (Heiße Stellen) genannt werden. Das heiße Gestein steigt in Säulen auf, schmilzt und wird zu Magma, das sich wie ein Schneidbrenner seinen Weg durch die Lithosphäre bahnt, als Lava an die Oberfläche gelangt und dort einen Vulkan bildet.

Weil die Platten ständig in Bewegung sind, erzeugen Hot Spots in der Regel eine Kette von Vulkanen. Während der erste Vulkan emporwächst, wird er vom Hot Spot weggetragen, und ein weiterer Vulkan tritt an seine Stelle. Das kann viele Millionen Jahre dauern, wobei die Vulkane der Kette aufgereiht sind wie die Pfosten eines Zauns. Irgendwann befördert die Platte die Hot-Spot-Vulkane vielleicht in eine Subduktionszone, wo sie in den Mantel hinabgedrückt und geschmolzen werden. Gelegentlich kommt es vor, dass ein Hot Spot unter einem ozeanischen Rücken eine Vulkankette in einem Graben emporwachsen lässt. So ist Island im Nordatlantik entstanden.

Hot Spots können fast überall vorkommen. Sie erschaffen Gebirge auf dem Meeresboden, Inseln in den Weltmeeren und Vulkane an Land, und die dabei entstehenden Vulkanketten können im Meer oder auf einem Kontinent liegen.

Die Glasshouse Mountains in Queensland, Australien, sind alles, was von einer Hot-Spot-Kette übrig geblieben ist. Im Laufe von 25 Millionen Jahren ist das weichere Gestein verwittert. Stehen geblieben sind nur die harten Kerne der Lava, mit der einst die Schlote der Vulkane gefüllt waren.

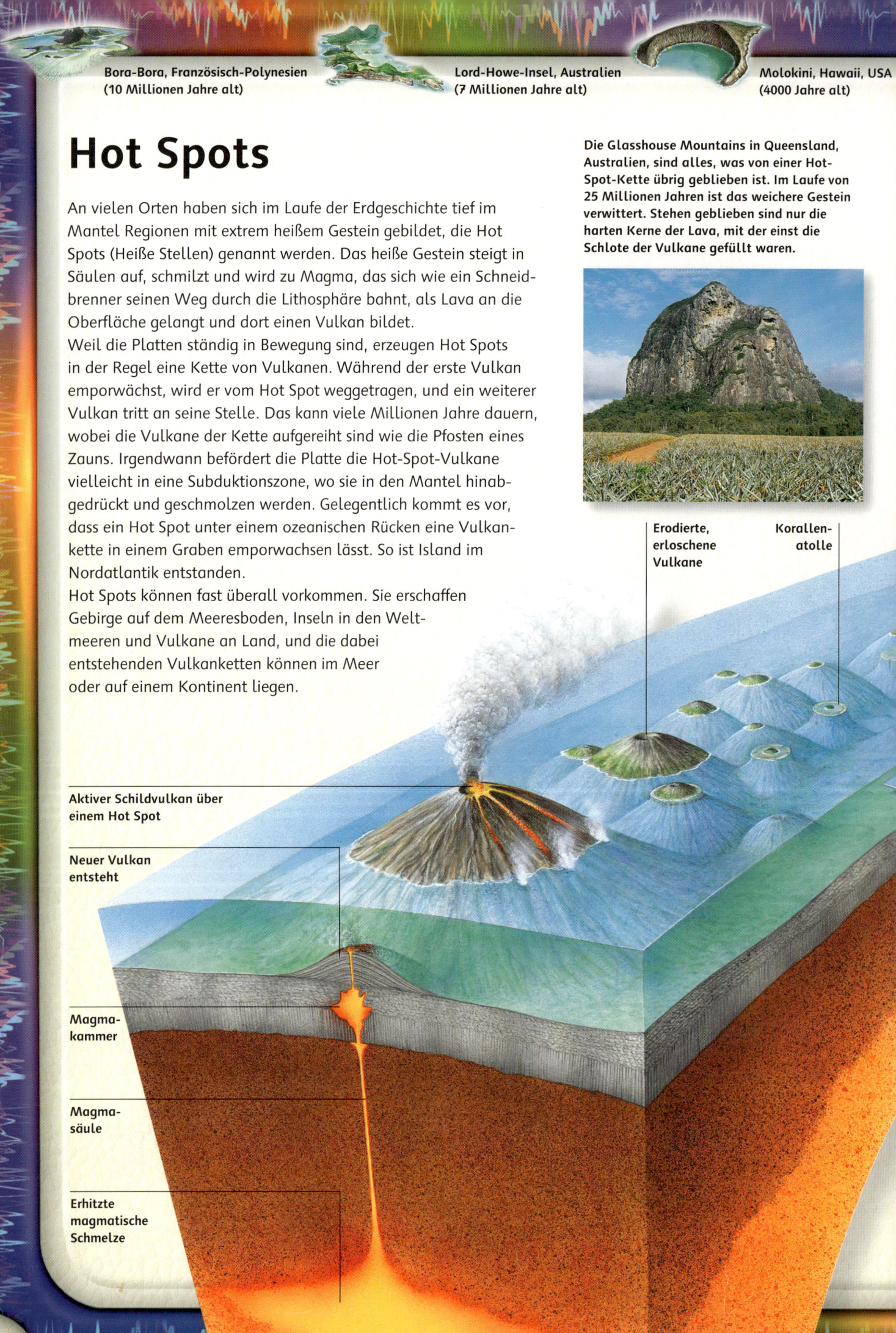

Erodierte, erloschene Vulkane

Korallenatolle

Aktiver Schildvulkan über einem Hot Spot

Neuer Vulkan entsteht

Magmakammer

Magmasäule

Erhitzte magmatische Schmelze

HOT SPOTS lassen meist breite, niedrige Vulkane entstehen. Sie werden Schildvulkane genannt, weil sie den Schilden ähneln, mit denen Krieger einst in den Kampf zogen.

Ein **ATOLL** ist eine ringförmige Koralleninsel, die eine Lagune umgibt. Auf den Malediven im Indischen Ozean heißt diese Art von Insel atalou.

Vom Meeresboden bis zum Gipfel gemessen ist der Mauna Loa auf Hawaii der höchste Berg der Erde. Er ist mit mehr als 9000 Meter höher als der Mount Everest, der höchste Berg auf dem Festland.

Ein Hot Spot, der heute unter der Insel Marion im Indischen Ozean liegt, ist seit 185 Millionen Jahren aktiv.

• Wissenschaftler vermuten, dass heiße Regionen auf dem äußeren Erdkern Hot Spots verursachen. Mehr über den Kern steht auf S. 8–9.
• Von Hot Spots verursachte Lavaströme – Flutbasalte – bedecken große Gebiete der Erde. Lies nach auf S. 48–49.

Hier ist die Geburt, das Leben und der Tod von Hot-Spot-Vulkanen dargestellt. Vorn brechen aktive Vulkane über einem Hot Spot aus. Dahinter liegen ältere, erodierte Vulkane. Diejenigen, auf denen sich Korallen angesiedelt haben, werden Atolle genannt, andere, die nicht über die Wasserfläche emporragen, heißen Unterwasserberge. Die ältesten Unterwasserberge gleiten in einen Subduktionsgraben und kehren ins heiße Erdinnere zurück.

Kontinentale Platte

Unterwasserberg

Subduktionszone

Richtung der Plattenbewegung

Ozeanische Platte

DIE GLIEDER EINER KETTE

Wenn Magma eine Platte durchbricht, fließt so viel Lava heraus, dass sie im Laufe von Millionen Jahren tiefer als der Grand Canyon und breiter als Grönland werden kann. Aber dann versiegt der Lavastrom, und es bilden sich kleinere Vulkane.

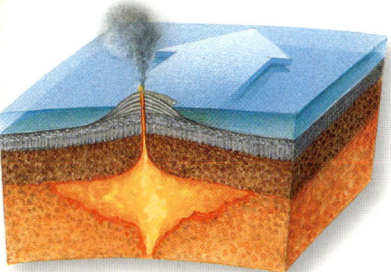

Zuerst bildet sich über einem Hot Spot ein einzelner Vulkan, der umso höher wächst, je mehr Lava sich aufstaut. Dann bewegt sich die Platte weiter und trägt den Vulkan von dem Hot Spot fort.

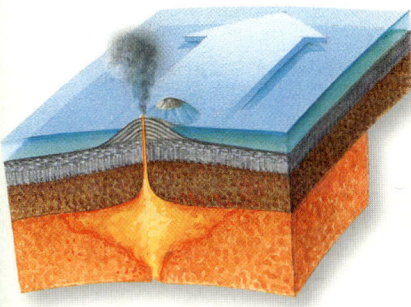

Nach Millionen von Jahren steht der Vulkan nicht mehr mit dem Hot Spot in Verbindung. Die Lavazufuhr hört auf, und der Vulkan erlischt. Über dem Hot Spot bildet sich ein neuer Vulkan.

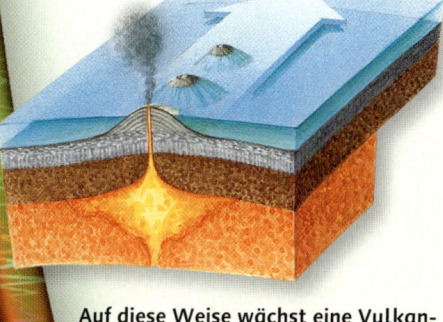

Auf diese Weise wächst eine Vulkankette heran, die in der Richtung der Plattenbewegung verläuft. Erst wenn der Hot Spot abkühlt, wächst die Kette nicht mehr weiter.

![Sei Aktiv Icon] SEI AKTIV!

Hot Spots

1. Nimm ein großes Stück Pappe und stanze eine Reihe von vier oder fünf Löchern hinein.
2. Bitte einen Freund, eine Tube Zahnpasta unter das erste Loch zu halten und sanft zu drücken. Während er das tut, bewegst du langsam die Pappe, sodass die anderen Löcher über die Tube gleiten. Beobachte, was passiert.

Wenn du die Pappe bewegst, erscheint auf ihr eine Reihe von Tupfen. Das sind deine Hot-Spot-Vulkane. Die Zahnpasta durchdringt die Pappe so wie das Magma, das aus einer Platte herausdrängt und die Hot-Spot-Vulkane entstehen lässt.

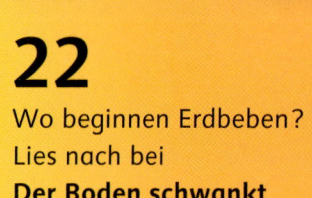

Seite **22**

Wo beginnen Erdbeben?
Lies nach bei
Der Boden schwankt.

Erdbeben

Wenn sich Platten bewegen, werden Gesteine auseinandergerissen, andere gegeneinander gedrückt. Dabei bauen sich Spannungen in den Gesteinen auf, bis diese zerbrechen und sich verschieben. Diese plötzlichen Bewegungen lösen Schockwellen aus, die sich durch den Boden ausbreiten, und ein Beben erschüttert die Erde. Schwere Beben können gewaltige Schäden anrichten und viele Menschenleben kosten. Deshalb beschäftigen sich Wissenschaftler, die Seismologen, eingehend mit Erdbeben und versuchen, ihre Ursachen zu verstehen. Dabei haben sie sehr viel über die Kruste und das Innere der Erde herausgefunden. Aber bisher ist es ihnen unmöglich, Erdbeben vorherzusagen.

Seite **24**

Untermeerische Erdbeben können gewaltige Wellen erzeugen. Wie nennt man sie? Suchhunde im Einsatz. Lies nach bei
Nach dem Beben.

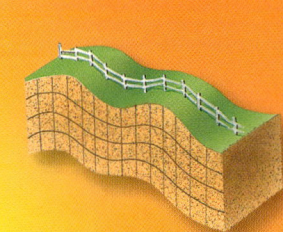

Seite **26**

Welcher Typ von seismischen Wellen bewegt das Land hin und her? Wissenschaftler messen die Stärke von Erdbeben mit Instrumenten, die Seismometer genannt werden. Lies nach bei **Erdbebenforschung**.

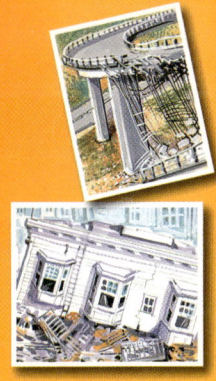

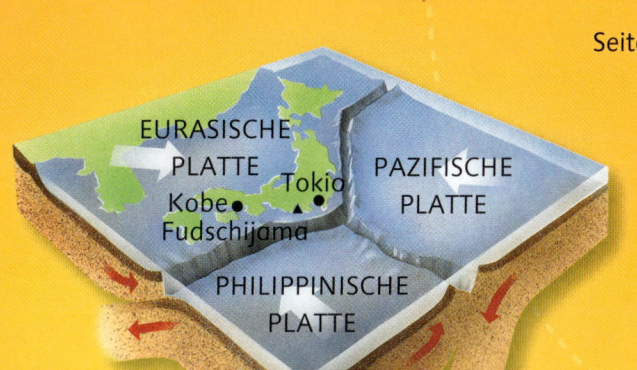

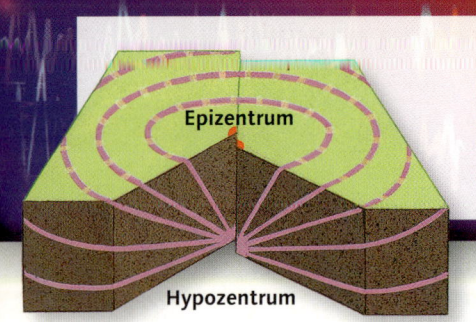

Epizentrum

Hypozentrum

Der Boden schwankt

Täglich gibt es in verschiedenen Regionen der Welt Hunderte von leichten Beben, und viele Leute haben sie gespürt. Andere aber befanden sich im Zentrum eines starken Bebens. Das kann ein fürchterliches Erlebnis sein. In Gebäuden stürzen Decken ein, Möbelstücke rutschen herum, Fensterscheiben bersten. Im Freien ist der Boden in heftige Bewegung geraten. Bäume und Telegrafenmasten stürzen um, Gas-, Wasser- und Stromleitungen reißen.

Wie schwer ein Erdbeben ist, hängt von seiner Stärke ab, seiner Tiefe und seiner Entfernung. Das Hypozentrum (der Herd) ist der Ort, an dem ein Beben beginnt. Das Epizentrum liegt direkt über dem Hypozentrum auf der Erdoberfläche. Die von dort ausgehenden Schockwellen werden mit zunehmender Entfernung schwächer. Je weiter du also vom Epizentrum entfernt wohnst, desto besser. Die Auswirkungen eines Bebens hängen von der Art des Untergrunds ab. Gewachsener Fels widersteht den Erschütterungen, aber weicher, lockerer Boden bebt heftig und kann sich sogar in Schlamm verwandeln.

Die Seitenbewegungen von Erdbeben sind oft an Eisenbahnschienen zu erkennen. Diese Schienen in der japanischen Stadt Kobe wurden von schlangenförmig verlaufenden Oberflächenwellen verbogen, die während eines schweren Bebens im Jahr 1995 auf die großen Schockwellen folgten.

DIE MERCALLI-SKALA
1883 entwickelte der italienische Seismologe Giuseppe Mercalli eine zwölfstufige Skala, die auf den beobachteten Auswirkungen eines Erdbebens auf Gebäude und Menschen basiert.

STÄRKE 1–3
Bei Stärke 1, der niedrigsten, werden Erschütterungen kaum bemerkt. Bei 2 spürt man leichte Bewegungen. Bei 3 schaukeln hängende Gegenstände.

STÄRKE 4–5
Bei Stärke 4 wackeln Gegenstände. Bei 5 spüren alle Leute das Beben, Flüssigkeiten schwappen über, Bilder verrutschen, Türen klappen.

WÖRTERBUCH

HYPOZENTRUM, der Ort im Erdinnern, von dem ein Beben ausgeht, ist von den griechischen Wörtern kentres (Ort oder Zentrum) und der Vorsilbe hypo (unter) abgeleitet.

EPIZENTRUM, der direkt über dem Hypozentrum liegende Punkt an der Oberfläche der Erde, setzt sich aus kentres und der Vorsilbe epi (über) zusammen.

SCHON GEWUSST?

Die allergrößten Erdbeben wurden von riesigen Meteoriten ausgelöst. Ein solcher Meteorit, der vor 65 Millionen Jahren die Halbinsel Yucatan traf, hat möglicherweise das Aussterben der Dinosaurier verursacht.

WEGWEISER

• Es ist nicht alles überstanden, wenn das Beben aufhört. Über Nachwirkungen von Erdbeben auf S. 24–25.
• Erdbeben lassen sich nicht mit Gewissheit voraussagen. Aber durch das Studium von Bodenbewegungen können Wissenschaftler warnen. Lies auf S. 26–27.

Schwere Beben richten die größten Schäden an, wenn sie in der Nähe von dicht besiedelten Städten auftreten. Die größte Gefahr stellen einstürzende Häuser dar, aber auch Brücken und Hochstraßen können einstürzen und Autofahrer mit in die Tiefe reißen. Geborstene Gas- und Stromleitungen können gefährliche Brände verursachen. Erdbeben können auch große Erdrutsche auslösen.

SEI AKTIV!

Seismische Wellen

Mithilfe eines kleinen Tisches, eines Hammers und etwas Sand kannst du seismische Wellen nachahmen.

1. Verstreue eine Handvoll Sand auf einer Seite des Tisches. Dann schlage 8 bis 10 Zentimeter von dem Sand entfernt auf den Tisch. Beobachte, wie die Sandkörnchen hochhüpfen, sobald die Schockwellen sie erreicht haben.
2. Jetzt schlage ungefähr 20 Zentimeter von dem Sand entfernt auf den Tisch. Die Körnchen hüpfen, aber nicht so hoch.

Je weiter ein Ort vom Epizentrum eines Erdbebens entfernt ist, desto weniger Schaden richten die seismischen Wellen an.

STÄRKE 6–7
Bei Stärke 6 ist das Gehen schwierig, Scheiben zerbrechen, Bilder fallen herunter, Putz reißt. Bei 7 fallen Leute und Schornsteine reißen.

STÄRKE 8–9
Bei Stärke 8 sind Autos kaum zu lenken, Wände stürzen ein, Schornsteine fallen um. Bei 9 stürzen Gebäude ein, die Erde reißt auf, Leitungen bersten.

STÄRKE 10–12
Gebäude stürzen ein, an Bergen kommt es zu Erdrutschen. Schienen werden verbogen, Rohrleitungen zerstört. Bei 12 ist alles verwüstet.

Nach dem Beben

Schwere Beben haben chaotische Zustände zur Folge, vor allem wenn Großstädte betroffen sind. Rettungsmannschaften benutzen Kräne, um schwere Trümmer beiseite zu räumen, und Suchhunde, die Verschüttete aufspüren sollen.

Ständig muss mit Nachbeben gerechnet werden, weil nach dem ersten Stoß immer noch eine gewisse Spannung in der Kruste herrscht. Meist sind Nachbeben schwächer als das Hauptbeben, aber gelegentlich sind sie sogar noch stärker, und sie können lange anhalten. So gab es zum Beispiel nach einem schweren Beben in New Madrid, Missouri, USA, im Jahr 1811 noch über ein Jahr lang Nachbeben. Einige von ihnen waren heftiger als das ursprüngliche Beben, und viele Leute mussten die Gegend für immer verlassen. In Gebirgsregionen können Erdbeben Erdrutsche und Lawinen auslösen, die weitere Gebäudeschäden anrichten und Straßen und Bahnlinien unpassierbar machen können. Seebeben können Tsunamis auslösen. Das sind Wellen, die mit der Geschwindigkeit eines Düsenflugzeugs übers Meer rasen und sich auftürmen, sobald sie die flachen Küstengewässer erreicht haben.

Nach einem schweren Beben gerät oft aus geborstenen Leitungen ausströmendes Gas in Brand. Hier bekämpfen Feuerwehrleute ein Feuer, das 1994 nach dem Northridge-Beben nahe der kalifornischen Stadt Los Angeles ausbrach. Wenn Brände wie dieser nicht rasch eingedämmt werden, können sie große Verheerungen anrichten.

INSIDESTORY

Verwandeltes Land

Die lange anhaltenden Nachbeben, die auf das Erdbeben von New Madrid, Missouri, USA, im Jahr 1811 folgten, verwandelten die Landschaft. Spalten taten sich auf, Kohlenstaub und Schwefeldünste von Kohlebergwerken hingen in der Luft und Felder und ganze Wälder verschwanden unter Wasser. Flüsse änderten ihren Lauf und ließen neue Sümpfe und Seen entstehen, darunter den Reelfoot Lake in Tennessee. In Kentucky notierte der Naturforscher John Audubon: „Der Boden hob und senkte sich in aufeinander folgenden Furchen wie das aufgewühlte Wasser eines Sees. Die Erde wogte wie ein Maisfeld im Wind." Trotz der erheblichen Verwüstungen des Landes gab es nur wenige Tote, weil die Gegend dünn besiedelt war.

Ein haushoher Tsunami ist ein erschreckender Anblick. Wenn so eine Flutwelle das Land erreicht, bricht sie in sich zusammen, zertrümmert Häuser und schleudert Boote an Land. Häufig richten Tsunamis noch größere Schäden an als das Beben, das sie ausgelöst hat.

WÖRTERBUCH

TSUNAMI ist ein japanisches Wort, das „große Hafenwelle" bedeutet. Daraus geht hervor, dass die Flutwellen kaum zu bemerken sind, bis sie seichtes Wasser z. B. in der Nähe eines Hafens erreicht haben. Tsunamis sind noch verheerender als Sturmfluten.

SCHON GEWUSST?

Am 9.7.1958 löste Felsgestein, das in die Lituya Bay (Alaska, USA) stürzte, den höchsten Tsunami aus, von dem wir wissen. Die Welle war mit 530 m höher als das höchste Gebäude der Welt.

Am 26.12.2004 verwüstete ein Tsunami, ausgelöst durch ein Seebeben der Stärke 9, 1, Teile Südasiens und Ostafrikas. Mehr als 230 000 Menschen kamen ums Leben.

WEGWEISER

• Nach einem schweren Beben wurde San Francisco (USA) von Bränden fast vollständig vernichtet. Mehr darüber auf S. 32–33.
• Das Erdbeben von New Madrid war ungewöhnlich, weil es mitten auf einer Platte geschah. Wo die Haupterdbebenzonen liegen, erfährst du auf S. 10–11.
• Japan hat besonders unter Erdbeben und Tsunamis zu leiden. Lies S. 34–35.

TODBRINGENDE WELLEN

Die meisten Tsunamis werden von Erdbeben auf dem Meeresboden ausgelöst. Die Wellen breiten sich mit einer Geschwindigkeit von bis zu 800 km/h aus und türmen sich zu großer Höhe auf, wenn sie flache Gewässer erreichen.

1946 löste ein Erdbeben auf den Aleuten einen Tsunami aus, der den Leuchtturm auf der Insel Unimak zerstörte. Dann raste die Welle über den Pazifik und traf fünf Stunden später auf Hawaii, wo bis zu 9 m hohe Wellen 159 Menschen töteten.

1960 wurde Hilo von einem Tsunami verwüstet, Auslöser war ein Beben in Chile. Der Flutwelle fielen auf Hawaii 60 Menschen zum Opfer. Auf den Philippinen und in Japan gab es 120 Tote. Danach wurde ein Tsunami-Frühwarnsystem eingerichtet.

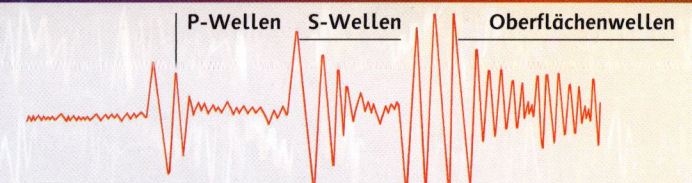

P-Wellen S-Wellen Oberflächenwellen

ERDBEBENMESSUNG

Ein Seismogramm ist die Aufzeichnung eines Erdbebens. Auf dem links abgebildeten erscheinen zuerst die P-Wellen als dicht gedrängte Erschütterungen. Wenig später folgen die der größeren S-Wellen, und als letzte treffen die Oberflächenwellen ein, die die größten Schäden anrichten.

Erdbebenforschung

Die Erdbebenkunde wird als Seismologie bezeichnet, und die Leute, die Erdbeben erforschen, nennt man Seismologen. Im Jahr 1876 erfanden zwei italienische Seismologen, Luigi Palmeri und Filippo Cecchi, das Seismometer. Ihr Instrument bestand aus einer Säule, an der ein Pendel befestigt war. Wenn die Säule erschüttert wurde, zeichnete ein Stift am Ende des Pendels die Erschütterung auf Papier auf.

Heute werden moderne Seismometer und andere Instrumente in erdbebengefährdeten Gegenden aufgestellt. Beobachtungsstationen registrieren und verwerten alle gesammelten Informationen. Indem sie diese Informationen mit Wissenschaftlern in anderen Stationen austauschen, können sie die Geschwindigkeit und die Stärke der seismischen Wellen an verschiedenen Orten vergleichen und auch den Herd und das Epizentrum eines Bebens ermitteln.

Anhand dieser Aufzeichnungen können die Seismologen erkennen, dass ein schweres Beben bevorsteht. Aber Zeitpunkt und Stärke eines Bebens werden von vielen Faktoren bestimmt, und selbst mit ihren modernen Instrumenten können die Seismologen nur feststellen, dass ein schweres Beben möglich ist, nicht aber, ob und wann es eintreten wird.

In Erdbebenzonen stellen Seismologen Instrumente entlang der Verwerfung auf, um Bodenbewegungen oder andere Veränderungen zu messen, die Anzeichen für ein bevorstehendes Erdbeben sein könnten. Die meisten Instrumente funktionieren automatisch und senden über Telefonleitungen Daten an Beobachtungsstationen.

SEI AKTIV!
Dein Seismometer

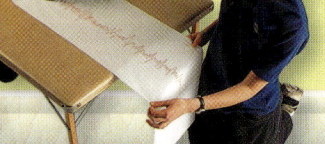

Mit einem selbst gebauten Seismometer kannst du Beben aufzeichnen.

1. Fülle ein Glas mit Wasser, schraube den Deckel auf und stelle das Glas auf eine Papierrolle auf einem Tisch. Klebe einen Stift so an das Glas, dass seine Spitze das Papier berührt. Ziehe das Papier langsam unter dem Glas hervor. Der Stift sollte eine gerade Linie zeichnen.

2. Zieh das Papier weiter heraus, bitte aber jemanden, den Tisch sanft hin und her zu rütteln. Die Linie wird sich in Schnörkel von P-Wellen verwandeln. Bei stärkerem Rütteln entstehen größere Schnörkel, die S-Wellen ähneln. Wenn dein Freund nach stärker am Tisch rüttelt, erscheinen auf dem Papier noch größere und längere Schnörkel, die den Oberflächenwellen entsprechen. Das ist dein Seismogramm!

SYMBOLE

GPS

Seismometer

Kriechmesser

Magnetometer

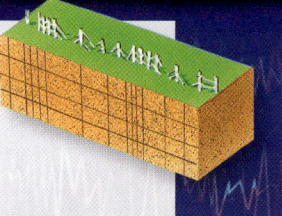

P-WELLEN
Die ersten Wellen, die während eines Erdbebens eintreffen, werden Primär- oder P-Wellen genannt. P-Wellen stauchen oder dehnen das Gestein, das sie durchlaufen.

S-WELLEN
Sekundär- oder S-Wellen bewegen sich langsamer als P-Wellen. Auf ihrem Weg durch den Untergrund bewegen sich Gesteinsschichten auf und ab und hin und her.

WÖRTERBUCH

SEISMOLOGIE ist aus den griechischen Wörtern seismos (Erschütterung) und logos (Wissensgebiet) zusammengesetzt. **SEISMOMETER** kommt von seismos und einem weiteren griechischen Wort, metron (messen).

SEISMOGRAMM enthält ein weiteres griechisches Wort, nämlich gramma, das „Geschriebenes" bedeutet.

SCHON GEWUSST?

Gelegentlich spüren Tiere Erdbeben, bevor sie eintreten. 1975 beobachteten Seismologen in der chinesischen Provinz Lianong, dass Mäuse und Kaninchen ihre Baue verließen und Schlangen aus dem Winterschlaf erwachten. Sie sahen darin einen Hinweis auf ein unmittelbar bevorstehendes Erdbeben und veranlassten die Evakuierung von vielen Tausend Menschen. Am nächsten Tag kam es zu einem schweren Beben in der Provinz.

WEGWEISER

• Weil die Seismologen weder den Ort noch den Zeitpunkt eines Bebens vorhersagen können, müssen wir Vorsichtsmaßnahmen ergreifen. Wie steht auf S. 28–29.
• Wissenschaftler, die Vulkane studieren, werden Vulkanologen genannt. Was sie tun, erfährst du auf S. 50–51.

Globale Positionssatelliten (GPS) übermitteln Signale an eine Beobachtungsstation. Aus den Signalen geht die genaue Position der GPS hervor. Eine Änderung deutet auf eine Verschiebung der Erdkruste hin.

In einer Beobachtungsstation treffen Informationen von den im Freien aufgestellten Instrumenten ein und werden dort von Seismologen ausgewertet. Wenn etwas darauf hindeutet, dass ein Erdbeben bevorsteht, warnen sie die zuständigen Behörden.

Seismometer zeichnen Bodenerschütterungen auf. Moderne Instrumente sind so empfindlich, dass sie schon leichteste Vibrationen registrieren. Viele Seismometer werden mit Sonnenenergie betrieben.

Ein Kriechmesser besteht aus einem Draht zwischen zwei Stangen zu beiden Seiten der Verwerfung. Ein Gewicht an einem Ende des Drahtes ist mit einer Skala verbunden.

Das Magnetfeld der Erde verändert sich, wenn sich der Druck im Gestein ändert. Magnetismus wird mit einem Magnetometer gemessen, das zwischen normalen Veränderungen und solchen, die von Plattenbewegungen bewirkt werden, unterscheiden kann.

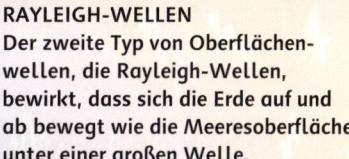

LOVE-WELLEN
Auf P- und S-Wellen folgen Oberflächenwellen, die auf die Erdoberfläche beschränkt sind. Ein Typ, die Love-Wellen, bewirkt, dass sich die Erdoberfläche seitlich hin und her bewegt.

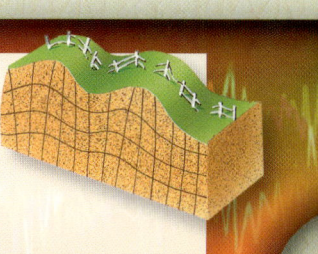

RAYLEIGH-WELLEN
Der zweite Typ von Oberflächenwellen, die Rayleigh-Wellen, bewirkt, dass sich die Erde auf und ab bewegt wie die Meeresoberfläche unter einer großen Welle.

Helm und
feste Stiefel

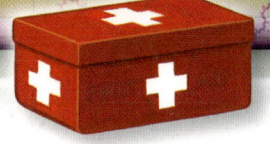

Erste-Hilfe-
Ausrüstung

Wasser, Konserven
und Dosenöffner

Auf Erdbeben vorbereitet

Da es keine absolut sichere Methode gibt, Plattenbewegungen vorherzusagen, müssen die Menschen, die in erdbebengefährdeten Regionen leben, immer auf eine Katastrophe vorbereitet sein. Wenn du in einer solchen Gefahrenzone lebst, solltest du wissen, wie man sich auf ein Erdbeben vorbereiten kann und was man tun muss, wenn die Erde zu beben beginnt. Ihr könnt euer Haus zu einem sichereren Ort machen, indem ihr Bücherregale an den Wänden verankert und schwere Gegenstände auf dem Fußboden oder dicht darüber aufbewahrt. Außerdem kannst du Techniken lernen und üben, die bei einem schweren Beben Leben retten können. Dazu gehören Erste Hilfe, Mund-zu-Mund-Beatmung, Wiederbelebung und Brandbekämpfung. Das Einatmen von Sauerstoff aus Beuteln schützt vor Rauchvergiftung.

Auch die Behörden in gefährdeten Regionen tragen zur Sicherheit der Menschen bei. Sie erlassen strenge Vorschriften für den Bau von Straßen und anderen Verkehrswegen und achten darauf, dass Schulen und Krankenhäuser auf stabilem Grund errichtet werden. Neue Gebäude müssen so konstruiert werden, dass sie Erschütterungen standhalten.

Flexible Obergeschosse

Überall feuerresistente Baumaterialien

Alle Einrichtungsgegenstände an den Wänden verankert und so konstruiert, dass sie Bewegungen in alle Richtungen widerstehen

Pyramidenform hat einen tiefen Schwerpunkt und widersteht Erschütterungen

SEI AKTIV!

Rütteltest

Um herauszufinden, wie gut neue Gebäude einem Erdbeben standhalten, bauen Wissenschaftler und Architekten maßstabsgetreue Modelle und stellen sie auf einen Rütteltisch, der die Modelle genauso erschüttert, wie ein Beben es tun würde. Bau dir selbst einen einfachen Rütteltisch.

1. Nimm einen kleinen Beistelltisch und neun mittelgroße Luftballons, Bücher und Bauklötze. Blase die Ballons auf, aber nicht zu prall. Stelle den Tisch umgedreht auf die Ballons.

2. Errichte aus Büchern und Bauklötzen auf der Unterseite des Tisches verschiedene Arten von „Bauwerken" (siehe Abbildung).

3. Rüttle sanft an den Beinen des Tisches. Was passiert? Nun rüttle etwas kräftiger. Welche „Bauwerke" stürzen zuerst ein? Sind manche von ihnen stabiler als andere?

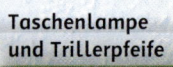

Taschenlampe
und Trillerpfeife

Radio und
Batterien

In Erdbebenzonen müssen die Menschen ständig auf eine Katastrophe vorbereitet sein. Sie können sich nicht darauf verlassen, dass sie verschont bleiben. Das Wort **KATASTROPHE** kommt aus dem Griechischen: katastrophe bedeutet Umkehr oder Wendung.

Das Wort **GEBÄUDE** ist aus dem mittelhochdeutschen buwen hervorgegangent, das wohnen oder bewohnen bedeutet.

Zwei schwere Erdbeben ereigneten sich 1988 in Armenien und 1989 in San Francisco, USA. Bei dem Beben in Armenien kamen 25000 Menschen ums Leben, in San Francisco dagegen nur 62, was vor allem auf strenge Bauvorschriften zurückzuführen ist.

Seit dem Großen Kanto-Beben, das 1923 Japans Hauptstadt Tokio verwüstete, findet alljährlich eine Erdbebenübung am 1.9., dem Jahrestag des Bebens statt.

- Seismologen können Erdbeben nicht vorhersagen, aber Warnzeichen entdecken. Mehr darüber auf S. 26–27.
- San Francisco wird häufig von Erdbeben erschüttert, weil es an der San-Andreas-Verwerfung liegt. Mehr darüber auf S. 16–17.
- Japan ist eine der gefährdetsten Erdbebenregionen der Erde. Lies dazu S. 34–35.

In San Francisco (USA) kommt es immer wieder zu Erdbeben. Deshalb wurden viele Gebäude so konstruiert, dass sie Erschütterungen standhalten. Die Transamerica-Pyramide wurde 1972 fertiggestellt. Sie enthält viele Elemente, die dazu beitragen, dass sie die Schockwellen auffängt oder ihnen widersteht. Beim Loma-Prieta-Beben von 1989 bebte die Pyramide etwa eine Minute und schwankte um 30 Zentimeter, wurde aber nicht beschädigt.

Fluchttreppen an der Westseite, Fahrstühle an der Ostseite

Mit Stahl verstärkter weißer Quarz als Fassadenverkleidung erlaubt Seitwärtsbewegungen

Starre Untergeschosse

20 vierbeinige Stützpyramiden zwischen dem zweiten und dem fünften Stock

Tiefes, fest im solidem Fels verankertes Fundament schwingt mit den Schockwellen

Pagoden sind pyramidenförmige Tempel. Sie stehen in vielen Teilen Asiens, und manche von ihnen sind fast tausend Jahre alt. Ihre Form und ihre Bauweise machen sie relativ erdbebensicher. In der Regel sind die Dächer mit einer starren Säule im Innern verbunden. Diese Säule kann bei einem Beben schwanken, stürzt aber fast nie ein. Außerdem sind die Dächer so flexibel, dass auch sie nicht einstürzen.

Erdbeben stellen in Japan eine ständige Bedrohung dar. Deshalb lernen Kinder schon von klein auf, wie sie sich bei einem Beben verhalten müssen. In besonders gefährdeten Gegenden nehmen sie an regelmäßig durchgeführten Übungen teil und tragen Schutzhelme. Sie lernen, in Deckung zu gehen.

BEREIT SEIN

Wenn du in einer Erdbebenzone lebst, solltest du wissen, was du vor, während und nach einem Beben tun musst.

Mach dein Zuhause zu einem sichereren Ort, indem du Möbel und Geräte am Fußboden und an den Wänden befestigst. Halte eine Erdbeben-Ausrüstung bereit, wie die links oben und unten gezeigten Dinge.

Wenn die Erde bebt, kauere dich wenn möglich unter einem Tisch oder Bett zusammen, halte dich mit einem Arm fest und schütze mit dem anderen dein Gesicht.

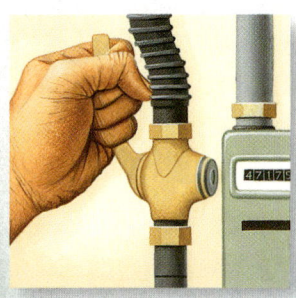

Achte nach dem Beben auf freiliegende Rohre oder Kabel. Wenn du Gas riechst, bitte rasch einen Erwachsenen, sofort den Haupthahn zuzudrehen.

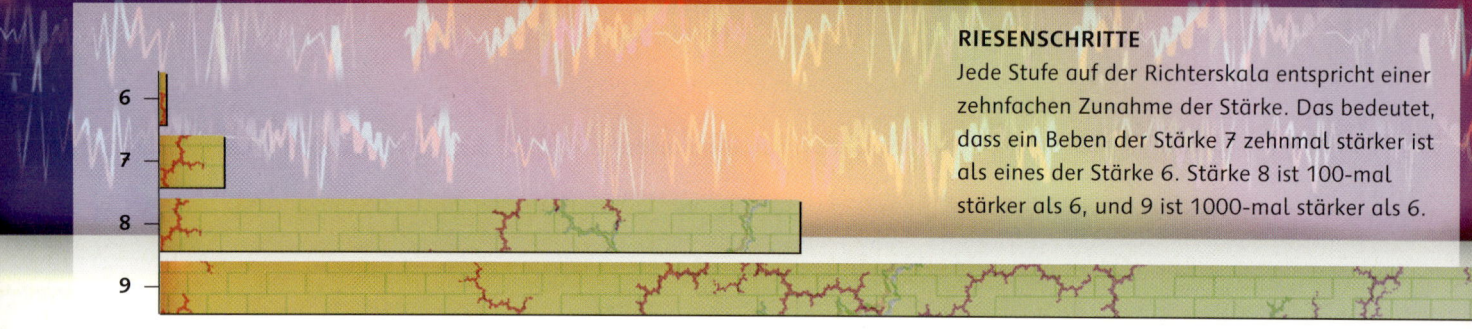

RIESENSCHRITTE
Jede Stufe auf der Richterskala entspricht einer zehnfachen Zunahme der Stärke. Das bedeutet, dass ein Beben der Stärke 7 zehnmal stärker ist als eines der Stärke 6. Stärke 8 ist 100-mal stärker als 6, und 9 ist 1000-mal stärker als 6.

Schwere Erdbeben

Ein Erdbeben kann sich jederzeit ereignen, aber manche Regionen sind besonders gefährdet. Die unsichersten Stellen unseres Planeten liegen an den Rändern der tektonischen Platten. In diesen Zonen stoßen die Platten zusammen, reiben sich aneinander oder tauchen ab und lösen dabei Erdbeben aus.

Aber auch in der Mitte von Platten kann es zu Erdbeben kommen. Gesteine, die an einer alten Verwerfung liegen, können sich verschieben. Schockwellen von einer Platte, die flach unter eine andere abtaucht, können erst im Inland die Oberfläche erreichen. Ereignisse wie diese haben schwere Beben weitab von Kollisionszonen ausgelöst.

Die Stärke oder Magnitude eines Bebens wird nach der Richterskala bemessen. Sie wurde 1935 vom amerikanischen Seismologen Charles Richter entwickelt. Die Skala ist nach oben offen, aber mit jeder weiteren Ziffer nimmt die Stärke eines Bebens um das Zehnfache zu, und die Menge der freigesetzten Energie ist 30-mal so groß. Glücklicherweise sind Beben mit einer Stärke von mehr als 8 sehr selten. In jedem Jahr ereignen sich rund 1200 Beben der Stärke 5, aber nur 155 der Stärke 6, 11 der Stärke 7 und nur 1 oder 2 der Stärke 8.

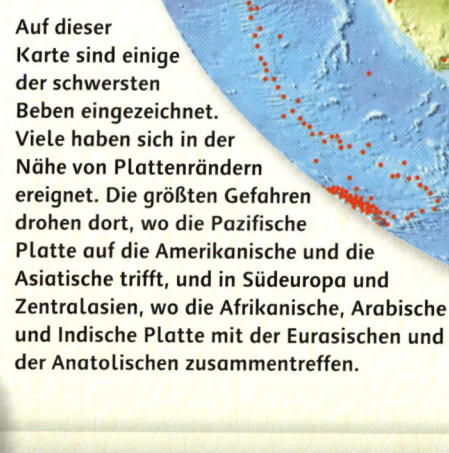

7.4 IZMIT, TÜRKEI, 1999
Am 17. April löste ein plötzlicher Ruck an der Anatolischen Verwerfung eines der schwersten Beben des 20. Jahrhunderts aus. Tausende von Gebäuden wurden zerstört, 17 000 Menschen starben.

EUROPA

Bukarest, 1977 **7.2**

Ismit, 1999 **7.2**

Nordwest-iran, 190 **7.7**

Al Asnam, 1980 **7.3**

Tabas, 1973 **7.7**

AFRIKA

Auf dieser Karte sind einige der schwersten Beben eingezeichnet. Viele haben sich in der Nähe von Plattenrändern ereignet. Die größten Gefahren drohen dort, wo die Pazifische Platte auf die Amerikanische und die Asiatische trifft, und in Südeuropa und Zentralasien, wo die Afrikanische, Arabische und Indische Platte mit der Eurasischen und der Anatolischen zusammentreffen.

SEI AKTIV!

Glück im Unglück

Eines der verheerendsten Erdbeben der Geschichte ereignete sich am 1.11.1755 in der portugiesischen Hauptstadt Lissabon. Seine Stärke wurde auf etwa 8,7 der Richterskala geschätzt. Die erste Erschütterung kam um 9.40 Uhr. Der Engländer Thomas Chase kletterte auf das Dach seines Hauses, um herauszufinden, was passierte, und sah „... Stöße des Erdbebens, begleitet von einer taumelnden Bewegung, wie die Wellen des Ozeans". Plötzlich stürzte das Haus unter ihm ein. Er kroch unter den Trümmern hervor und wurde von Freunden gerettet. Mehr als 60000 Menschen kamen ums Leben, und eine der schönsten Städte Europas wurde verwüstet.

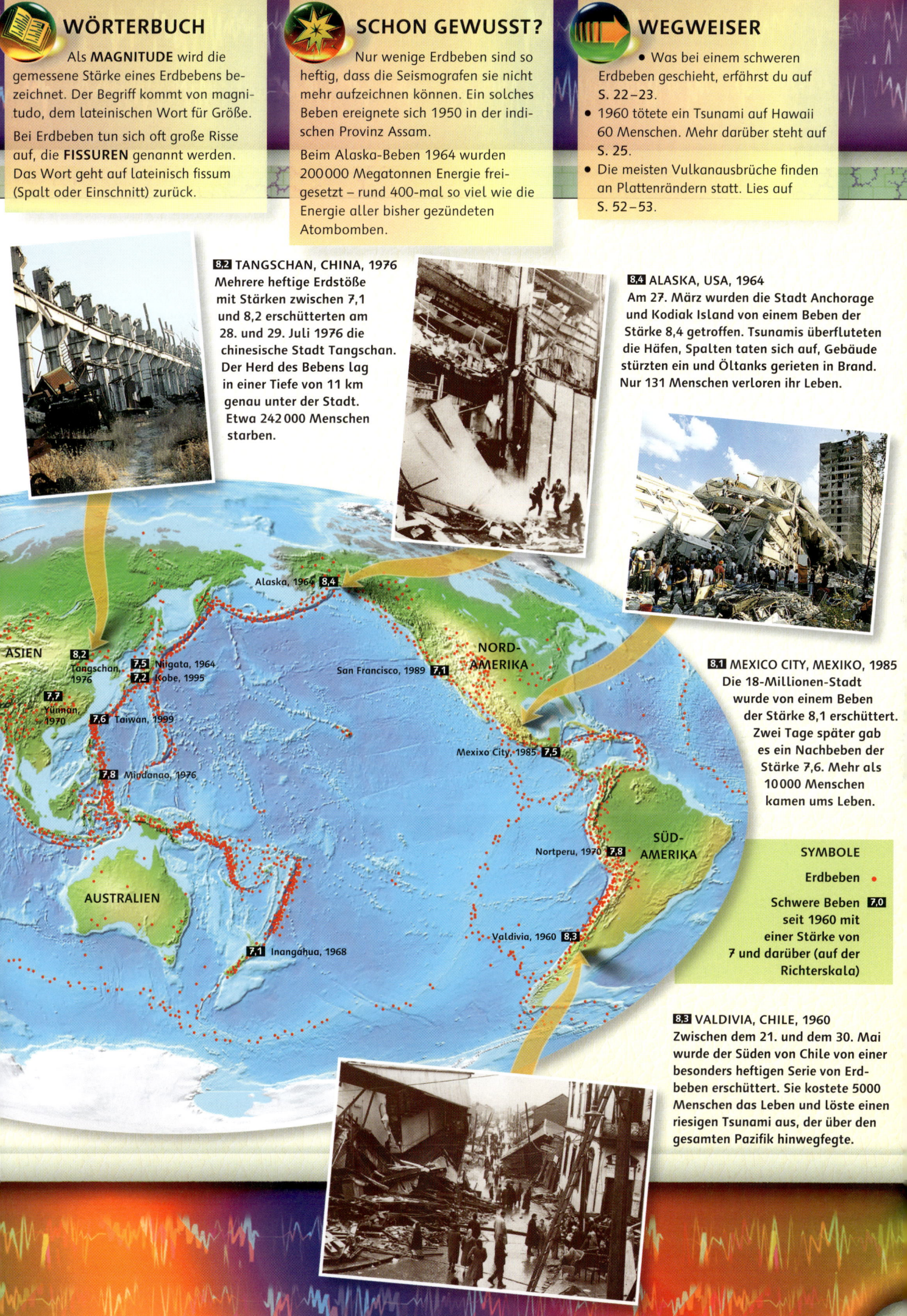

WÖRTERBUCH

Als **MAGNITUDE** wird die gemessene Stärke eines Erdbebens bezeichnet. Der Begriff kommt von magnitudo, dem lateinischen Wort für Größe.

Bei Erdbeben tun sich oft große Risse auf, die **FISSUREN** genannt werden. Das Wort geht auf lateinisch fissum (Spalt oder Einschnitt) zurück.

SCHON GEWUSST?

Nur wenige Erdbeben sind so heftig, dass die Seismografen sie nicht mehr aufzeichnen können. Ein solches Beben ereignete sich 1950 in der indischen Provinz Assam.

Beim Alaska-Beben 1964 wurden 200 000 Megatonnen Energie freigesetzt – rund 400-mal so viel wie die Energie aller bisher gezündeten Atombomben.

WEGWEISER

• Was bei einem schweren Erdbeben geschieht, erfährst du auf S. 22–23.
• 1960 tötete ein Tsunami auf Hawaii 60 Menschen. Mehr darüber steht auf S. 25.
• Die meisten Vulkanausbrüche finden an Plattenrändern statt. Lies auf S. 52–53.

8.2 TANGSCHAN, CHINA, 1976
Mehrere heftige Erdstöße mit Stärken zwischen 7,1 und 8,2 erschütterten am 28. und 29. Juli 1976 die chinesische Stadt Tangschan. Der Herd des Bebens lag in einer Tiefe von 11 km genau unter der Stadt. Etwa 242 000 Menschen starben.

8.4 ALASKA, USA, 1964
Am 27. März wurden die Stadt Anchorage und Kodiak Island von einem Beben der Stärke 8,4 getroffen. Tsunamis überfluteten die Häfen, Spalten taten sich auf, Gebäude stürzten ein und Öltanks gerieten in Brand. Nur 131 Menschen verloren ihr Leben.

8.1 MEXICO CITY, MEXIKO, 1985
Die 18-Millionen-Stadt wurde von einem Beben der Stärke 8,1 erschüttert. Zwei Tage später gab es ein Nachbeben der Stärke 7,6. Mehr als 10 000 Menschen kamen ums Leben.

8.3 VALDIVIA, CHILE, 1960
Zwischen dem 21. und dem 30. Mai wurde der Süden von Chile von einer besonders heftigen Serie von Erdbeben erschüttert. Sie kostete 5000 Menschen das Leben und löste einen riesigen Tsunami aus, der über den gesamten Pazifik hinwegfegte.

ASIEN
8.2 Tangschan, 1976
7.5 Niigata, 1964
7.2 Kobe, 1995
7.7 Yunnan, 1970
7.6 Taiwan, 1999
7.8 Mindanao, 1976

Alaska, 1964 **8.4**

NORD-AMERIKA
San Francisco, 1989 **7.1**
Mexixo City, 1985 **7.5**

SÜD-AMERIKA
Nortperu, 1970 **7.8**
Valdivia, 1960 **8.3**

AUSTRALIEN
7.1 Inangáhua, 1968

SYMBOLE
Erdbeben •
Schwere Beben **7.0** seit 1960 mit einer Stärke von 7 und darüber (auf der Richterskala)

Vom Erdbeben verschobene Zaunpfähle

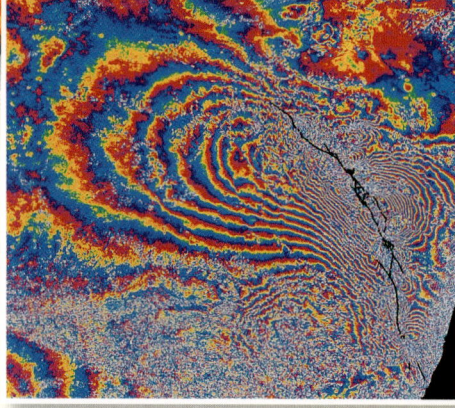

Vom Beben in Northridge bei Los Angeles 1994 zerstörte Hochstraße

Kalifornien

In Kalifornien (USA) gibt es täglich kaum spürbare Erschütterungen, und im Durchschnitt wird das Land einmal jährlich von einem stärkeren Beben heimgesucht. Die meisten Beben in Kalifornien werden durch Gesteinsbewegungen an der San-Andreas-Verwerfung ausgelöst. Östlich der Verwerfung liegt die Nordamerikanische Platte, westlich davon die Pazifische Platte. Die Pazifische Platte driftet langsam nach Nordwesten. Gleichzeitig bewegt sich die Amerikanische Platte nach Südosten. Da sich die Plattenränder aneinander reiben, werden Spannungen freigesetzt, und es kommt zu Erdbeben.

Seit es Aufzeichnungen gibt, ist Kalifornien von drei besonders heftigen Beben heimgesucht worden. Das verheerendste Beben war 1906, dem ein großer Teil von San Francisco zum Opfer fiel. Auch in neuerer Zeit richteten Beben erhebliche Schäden an. Weitere Beben stehen bevor. Die Seismologen schätzen, dass es im Laufe der nächsten 30 Jahre in Kalifornien ein Beben der Stärke 7 oder darüber geben könnte. Deshalb wird ständig daran gearbeitet, Gebäude erdbebensicherer zu machen und die Schulungsprogramme für die Bevölkerung zu erweitern.

Im Juni 1992 zeichnete ein Satellit mit Radar ein Beben der Stärke 7,5 auf, das von der Landers-Verwerfung in Ostkalifornien ausging. Auf diesem Bild ist die schwarze Linie die Verwerfung. Die farbigen Wellenlinien zeigen vertikale Bodenbewegungen. Je dichter die Linien beieinander liegen, desto stärker ist die Bewegung.

Dreißig Sekunden nach dem Beginn des Bebens hatten die Schockwellen San Francisco erreicht. Ein Teil der oberen Fahrbahn der Bay Bridge stürzte auf die untere und erschlug einen Menschen.

Im Marina-Distrikt in San Francisco bebten die auf weichem, sandigem Grund errichteten Häuser 15 Sekunden lang. Dann stürzten mehrere von ihnen ein. Der sandige Untergrund verwandelte sich in brodelnden Schlamm, Wasserrohre barsten, und Gasleitungen lösten Brände aus.

Am 17. Juni 1989 wurde der Norden von Kalifornien um 5 Uhr morgens von einem schweren Beben erschüttert. Vom Epizentrum in Loma Prieta in den Santa-Cruz-Bergen wanderten Schockwellen nach Norden und durch San Francisco, nach Osten in die Sierra Nevada und nach Süden durch Monterey. 62 Menschen starben.

Oakland

San Francisco

BILDER EINER VERWÜSTETEN STADT

Das verheerendste Beben in der Geschichte Kaliforniens ereignete sich am 18. April 1906, als sich ein 400 km langer Abschnitt der San-Andreas-Verwerfung plötzlich verschob. Das Epizentrum lag 65 km nördlich von San Francisco in Tomales Bay. In San Francisco starben 3000 Menschen. Ungefähr 20 Prozent der Gebäude der Stadt stürzten ein, und fast 80 Prozent fielen den Bränden zum Opfer.

Die Mauern des Rathauses von San Francisco stürzten ein, und das Gebäude brannte aus. Nur das Metallgerüst blieb stehen. 1915 wurde ein neues Rathaus gebaut.

WÖRTERBUCH

LOMA PRIETA ist ein spanischer Name, der „dunkler Berg" bedeutet. Nach dem Beben von 1989 sprachen die Menschen gewöhnlich vom „dunklen wogenden Berg".

In Nordamerika wird ein Erdbeben gelegentlich als **TEMBLOR** bezeichnet. Das Wort kommt vom spanischen temblar, das Zittern bedeutet.

SCHON GEWUSST?

Im Laufe eines Jahres bebt die Erde in Kalifornien Zehntausende von Malen, aber nur eines von 10 000 Beben richtet Schäden an.

Beim Owens-Valley-Erdbeben von 1872 verschob sich das Land an der Verwerfung 6 m zur Seite und wurde 7 m angehoben.

WEGWEISER

• Die San-Andreas-Verwerfung in Kalifornien gleicht einer riesigen Narbe in der Landschaft. Lies S. 16–17.
• Wie Wissenschaftler Erschütterungen überwachen, erfährst du auf S. 26–27.
• Die meisten neuen Gebäude in San Francisco wurden erdbebensicher gebaut. Wie, das steht auf S. 28–29.

INSIDESTORY
Kein Anpfiff!

Der 17. Oktober 1989 war ein wichtiger Tag für Sportfans in San Francisco. Im Candlestick Park sollte ein Oberliga-Baseballspiel zwischen den San Francisco Giants und den Oakland A's stattfinden. Kurz vor 17 Uhr nahmen 60 000 Menschen ihre Plätze im Stadion ein. Um 17.04 Uhr spürten sie, wie die Sitze unter ihnen bebten und die Flutlichtmasten schwankten. Erdbeben! Menschen schrien auf, als Betonbrocken und Stahlstücke herabfielen. Aber das Stadion widerstand den Erschütterungen, und erstaunlicherweise wurde niemand verletzt. Das Spiel fiel allerdings aus.

In Santa Cruz schwankten die auf weichem Sandboden errichteten Läden so stark, dass sie sich gegenseitig zerschlugen. Ein altes Hotel stürzte auf ein darunter liegendes Kaufhaus.

Im Epizentrum des Loma-Prieta-Bebens bildeten sich große Risse in Straßen, Bäume schwankten heftig, und Häuser stürzten ein.

Die Stärke des Bebens nahm mit zunehmender Entfernung der seismischen Wellen vom Epizentrum kontinuierlich ab.

In Big Sur brachen ganze Bergflanken ein, und Tonnen von Gestein stürzten auf die darunter liegende Straße.

San Jose

SAN-ANDREAS-VERWERFUNG

Santa Cruz

Monterey

Hypozentrum

Big Sur

Heftige Erdstöße legten einen großen Teil der Stadt in Trümmer. Holzbauten, die flexibler sind, hielten dem Beben besser stand als Steinbauten.

Nach dem Beben drohte den Überlebenden eine weitere Gefahr. Umgestürzte Öfen und geborstene Gasleitungen ließen überall in der Stadt Brände auflodern. Die Stadt brannte vier Tage lang, und Tausende von Menschen flüchteten. Da auch die Wasserleitungen geborsten waren, musste die Feuerwehr die Brände mit Meerwasser bekämpfen.

Vulkan
Fudschijama

Frühes japanisches
Seismometer

Japan

Unter den Inseln Japans stoßen drei Platten zusammen. Im Süden gleitet die Philippinische unter die Eurasische Platte. Im Osten schiebt sich die Pazifische unter die Eurasische und die Philippinische Platte. Dieses Schieben und Gleiten hat zur Folge, dass die Japaner ständig mit Erdbeben, Vulkanausbrüchen und Tsunamis rechnen müssen.

Die meisten Erdbeben werden von Bewegungen an Verwerfungen ausgelöst, die von den Subduktionszonen ausgehen. Für andere ist vulkanische Tätigkeit verantwortlich. Die heftigsten Beben ereignen sich auf dem Meeresgrund und im Süden Japans. Die sicherste Region ist der Norden des Landes. Alten Legenden zufolge werden sie vom Toben eines Riesenwelses (des namazu) ausgelöst, der in der Erde lebt. Die japanischen Seismologen bedienen sich der modernsten Instrumente zur Überwachung von Plattenbewegungen und versuchen, Erdbeben mithilfe von Computermodellen vorherzusagen. Außerdem führen sie Schulungsprogramme für die Bevölkerung durch und betreiben eines der besten Erdbeben-Beobachtungsnetze der Welt.

Viele Gebäude von Kobe waren so konstruiert, dass sie einem Erdbeben standhielten. Aber diejenigen, die auf instabilem Untergrund errichtet worden waren, stürzten ein, weil sich der Boden infolge des Erdbebens mit Wasser vollsog und verflüssigte.

Ein Augenzeuge

Im Juni 1948 arbeitete der amerikanische Fotograf Carl Mydans in der japanischen Stadt Fukui. Während er gerade in einem Restaurant saß, wurde die Erde von einem Beben der stärke 7,3 erschüttert. „Die Betondecke explodierte. Tische und Stühle flogen durch die Luft, und wir wurden durch den Raum geschleudert." Mydans rannte mit seiner Kamera hinaus. Er fotografierte einstürzende Häuser und eingeklemmte

Leute. Schockiert von der Katastrophe, bei der 3500 Menschen ums Leben kamen, setzte er sich dafür ein, dass die japanische Regierung jedem Haushalt eine Erdbeben-Ausrüstung zur Verfügung stellte, die eine Axt, ein Brecheisen und eine Drahtschere enthielt.

Am 17. Januar 1995 wurden die Einwohner von Kobe um 5.46 Uhr von einem Erdbeben der Stärke 7,2 aus dem Schlaf gerissen. Das Erdbeben zerstörte 150 000 Gebäude und kostete 5000 Menschen das Leben. Ein Teil der Hanschin-Schnellstraße kippte um, weil Pfeiler einknickten.

EURASISCHE PLATTE

PAZIFISCHE PLATTE

Fukui
Tokio
Kobe
Fudschijama

PHILIPPINISCHE PLATTE

Japan liegt am Rande der Pazifischen Platte. Sie driftet nach Nordwesten und stößt dabei gegen mehrere andere Platten. Die Folge ist eine Kette von Vulkanen und Erdbebenzonen, die als „Feuerring" bezeichnet wird (hier in Rot eingezeichnet). Hier liegt mehr als die Hälfte der Vulkane der Erde, und hier ereignet sich mehr als die Hälfte aller Erdbeben.

WÖRTERBUCH

Der japanischen Legende zufolge ist Japan sicher, solange der Gott Kaschima dafür sorgt, dass der **NAMAZU**, ein Riesenwels, unter einem großen Stein eingeklemmt ist. Aber wenn Kaschima zulässt, dass der Wels entkommt, beginnt dieser zu toben, und die Erde bebt. Zu allen Zeiten haben Künstler diesen Wels dargestellt. Diese Bilder, die **NAMAZU-E** genannt werden, sollen Glück bringen.

SCHON GEWUSST?

Japan hat 1500 aktive Verwerfungen. Sie haben in den letzten 1000 Jahren über 400 schwere Erdbeben ausgelöst.

Am 15. Juni 1896 erreichte ein Tsunami den Süden Japans. Er tötete 27 000 Menschen. Heimkehrenden Fischer fanden nur noch die Trümmer ihrer Häuser vor.

WEGWEISER

• Subduktion findet statt, wenn eine dicke Platte eine dünnere in den Mantel hinabdrückt. Mehr darüber erfährst du auf S. 14–15.
• Japanische Kinder lernen, wie sie sich bei einem Erdbeben schützen können. Lies dazu S. 29.
• Informationen über heftige Ausbrüche japanischer Vulkan findest du auf S. 52–53.

Viele der alten Holzhäuser von Kobe fielen den mehr als 500 Bränden zum Opfer, die in der Stadt ausbrachen.

Sowohl die Pazifische als auch die Philippinische Platte tauchen unter Japan ab. Die Pazifische Platte bewegt sich mit einer Geschwindigkeit von 10 cm pro Jahr und hat die ozeanische Kruste 520 km weit unter das Land geschoben. Die Philippinische Platte bewegt sich nur halb so schnell und hat den Meeresboden unter Japan 145 km tief absinken lassen. Diese zweifache Subduktion ist für viele Erdbeben und Vulkanausbrüche in Japan verantwortlich.

Beobachtungsstationen wie diese benachrichtigen in Japan Notdienste und Katastrophen-Einsatzzentren, sobald ein Erdbeben oder ein Vulkanausbruch entdeckt wird.

Vulkane

Wenn die Hitze im Erdinnern Gestein schmelzen lässt, bildet sich eine heiße, zähflüssige Masse, die Magma genannt wird. Das Magma steigt an die Oberfläche, durchbricht Schwachstellen der Erdkruste und bildet Vulkane. Vulkanausbrüche können überaus gefährlich sein und viele Menschen das Leben kosten. Die Hauptbedrohung stellen heiße Lava, giftige Gase und Aschewolken dar. Aber Vulkanausbrüche können auch Schlammströme, Lawinen und Überschwemmungen auslösen. Vulkanologen – die Wissenschaftler, die sich mit Vulkanen beschäftigen – versuchen vorherzusagen, wann und wie ein Vulkan möglicherweise ausbrechen wird.

Seite 50

Lava unter dem Mikroskop
verrät viel über das Innere der Erde.
Lies nach bei **Vulkanologie**.

Seite 52

Auf welcher Pazifikinsel fand die größte
Flankeneruption der Geschichte statt?
Lies nach bei **Heftige Ausbrüche**.

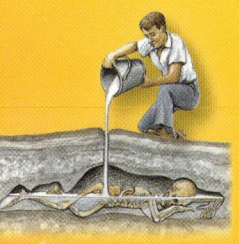

Seite 54

Wie haben Vulkane unser Wissen
über alte Kulturen erweitert?
Lies nach bei **Der Mittelmeerraum**.

Seite 56

Wusstest du, dass die Vorgänge im Mittelatlantischen Rücken eine Insel zerreißen?
Lies nach bei **Island**.

Seite 58

Am 18. Mai 1980 kam es in den USA
zu einem der heftigsten Ausbrüche des
20. Jahrhunderts. Wie hieß der Vulkan?
Lies nach bei **Nordwestamerika**.

Seite 60

Wusstest du, dass auf der Oberfläche des Mondes
Spuren von Vulkantätigkeit zu sehen sind?
Lies nach bei **Außerirdische Vulkane**.

Ätna,
Italien

Anak Krakatau,
Indonesien

Unter dem Vulkan

Ein Vulkanausbruch ist beängstigend und überaus gefährlich.
Es gibt Anzeichen, die auf eine bevorstehende Eruption hin-
deuten. Oft rumpelt der Boden, bläht sich auf und zerreißt.
Gas strömt aus, und es riecht nach Schwefel. Aus Erdlöchern
wird Gestein emporgeschleudert und aus Spalten sickert
Lava. Wenn Tiere die Flucht ergreifen, sollten die Menschen
es auch tun.

Ein kleiner Ausbruch kann nicht mehr sein als ein Ausstoß von
Gas. Aber manchmal schleudert das Gas geschmolzenes Gestein
heraus. Sobald der Druck nachlässt, fließt ein stetiger Lavastrom
heraus. Gelegentlich verstopft Lava den Schlot des Vulkans.
Wenn sich eine große Menge Gas darunter angesammelt hat,
können bei dem Ausbruch Gesteinsbrocken, Lavaklumpen und
Staub und Asche emporgeschleudert werden.

Manche Eruptionen sind nach ein paar Stunden vorüber, andere
können Jahrzehnte andauern. Lavaströme zerstören alles, was
in ihrer Bahn liegt. Fliegende Gesteinbrocken können Menschen
töten, und herabrieselnde Asche deckt binnen Stunden alles zu:
Pflanzen, Gebäude, Autos, ganze Landschaften.

Vulkane können ihr eigenes Wetter machen. Staub
und Gase schaffen eine feuchtwarme Atmosphäre,
die ideal für Gewitter ist. Deshalb zucken bei
Vulkanausbrüchen häufig Blitze vom Himmel.

INSIDESTORY

Ein Vulkan wächst

Ende 1943 spürte Masao Mimatsu, ein Postbeamter im Süden
der japanischen Insel Hokkaido, ein vom nahe gelegenen
Vulkan Usu ausgehendes Beben. Kurz darauf bemerkte er an
der Flanke des Usu eine neue Kuppe. Er begann, den neuen
Berg, der Schowa-Schinsan genannt wurde, täglich zu zeichnen.
Als der Vulkan im September 1945 zu wachsen aufhörte, hatte
Mimatsu einen dicken Packen Zeichnungen. Sie stellten eine
vollständige Dokumentation über einen Ausbruch dar.

10. Sept. 1945

5. Juni 1944

Spalte

**Gang: ein
senkrechter
Magma-
kanal**

**Lavastrom
aus Neben-
schlot**

**Lakkolith:
Magmamasse,
die Gesteins-
schichten in
die Höhe
drückt**

**Lagergang:
Magma, das
zwischen Ge-
steinsschichten
gedrungen ist**

Wenn Lava aus einem langen
Riss in der Erdkruste hervorbricht,
kann sie einen prächtigen roten
Vorhang bilden. Derartige
Spalten können bis zu 30 km
lang sein und gewaltige
Lavamengen herausschleudern.

WÖRTERBUCH

Wenn ein Vulkan ausbricht, ist er **AKTIV** oder tätig. Wenn er lange nicht ausgebrochen ist, es aber immer noch Anzeichen von Aktivität gibt, ist er **RUHEND** oder untätig. Ist er seit Jahrtausenden nicht mehr aktiv, wird er als **ERLOSCHEN** bezeichnet.

Das Wort **VULKAN** kommt von Vulcanus, dem römischen Gott des Feuers.

SCHON GEWUSST?

Im Februar 1943 hörte ein Bauer, der in Paricutin in Mexiko lebte, auf einem seiner Felder ein seltsames Rumpeln. Aus einem Loch quoll Rauch, und eine Woche später war auf seinem Feld ein 120 m hoher Vulkan gewachsen. Im September 1944 hatte Lava das ganze Dorf unter sich begraben.

WEGWEISER

• Viele Vulkane bilden sich über Subduktionszonen. Lies auf S. 14–15.
• Vulkanianische, plinianische und peléanische Ausbrüche können Asche- und Gesteinsströme auslösen. Mehr darüber steht auf S. 42–43.
• Welches waren die heftigsten Vulkanausbrüche der Geschichte? Lies S. 52–53.

Aschewolke

Lava bricht durch den Krater aus,

Bei einem Ausbruch drängt Lava an die Oberfläche. Ein Teil davon entweicht durch Schlote oder Spalten, aber ein weiterer Teil ergießt sich zwischen Gesteinsschichten und erstarrt dort. Diese Ablagerungen werden als Gänge bezeichnet.

Glutlawine: Strom aus heißer Lava, Asche und Gasen

Lava steigt im Zentralschlot auf.

Erloschene Magmakammer

Magma steigt aus einem See aus geschmolzenem Gestein, der Magmakammer, auf.

AUSBRUCHSTYPEN

Wissenschaftler bezeichnen die verschiedenen Ausbruchstypen mit folgenden Namen:

HAWAIIANISCH
Aus Krater, Schloten und Spalten schießen Lavafontänen heraus. Die Lavaströme lassen breite, niedrige Schildvulkane entstehen.

STROMBOLIANISCH
Bei Explosionen in teilweise erstarrter Lava werden Gesteinsbrocken, Asche und Schlacke herausgeschleudert, die sich zu steilen Kegeln auftürmen, die einstürzen können, wenn sie zu hoch sind.

VULKANIANISCH
Heftige Explosionen schleudern große Gesteinsbrocken und Lavabomben in die Luft, wenn sich unter zähflüssiger Lava sehr viel Gas aufgestaut hat.

PLINIANISCH
Bei diesen gewaltigen Explosionen wird die Magmakammer des Vulkans entleert. Es bilden sich Aschesäulen, die bis zu 50 km hoch sein können.

PELÉANISCH
Eine Kuppel aus harter Lava im Krater bricht ein und setzt eine Glutlawine frei. Aufsteigende Gase bilden Aschewolken über der Lawine.

Bimsstein

Obsidian

Lavabombe

Lavaströme

Bei jedem Ausbruch eines Vulkans tritt Lava aus. Sie kann unterschiedliche Formen haben, je nachdem, welche Gase und Chemikalien sie enthält, und auch von der Art des Ausbruchs. Bei explosiven Ausbrüchen wird zähflüssige Lava ausgestoßen, die in Form von „Bomben" empor-geschleudert wird oder wie Sirup langsam talwärts fließt. Bei weniger heftigen Ausbrüchen treten Ströme dünnflüssiger Lava aus.

Wenn Lava ausfließt, kühlt sie ab und erstarrt. Vulka-nologen haben den verschiedenen Lavaformen Namen gegeben. Die meisten davon stammen aus Hawaii, wo es besonders viele Vulkane gibt. Lava, die mit einer verhältnis-mäßig glatten Oberfläche erstarrt, wird Pahoehoe genannt. Wenn die Lava raue, scharfkantige Krusten bildet, heißt sie Aa-Lava. Dünne Lavastränge werden nach der Vulkangöttin Hawaiis „Pelés Haar" genannt.

Dünnflüssige Lava erstarrt gewöhnlich zu Basalt. Aus zähflüssiger Lava bilden sich Gesteine wie zum Beispiel Rhyolit. Die Gase, die aus der brodelnden Lava entweichen, hinterlassen Löcher im Gestein. Gasreiche Formen von Basalt und Rhyolit werden Schlacke und Bimsstein genannt. Lava, die sofort abkühlt, bildet vulkanisches Glas. Wenn es sich um Basaltlava handelt, wird dieses Glas Tachylit genannt, bei Rhyolitlava heißt es Obsidian.

Bei Ausbrüchen auf Hawaii tritt dünnflüssige Lava aus dem Krater oder aus Schloten und Spalten aus. Sie strömt die Flanken des Berges hinunter, ergießt sich über Simse und Klippen und füllt Täler. Zuerst kühlt die Lava an der Oberfläche der Ränder des Stroms ab. Manchmal kühlt die gesamte Oberfläche ab, und es bilden sich Tunnel, durch die die glühend heiße Lava weiterfließt.

Lavatunnel

Wenn dünnflüssige, langsam fließende Lava abkühlt, bildet sich auf ihrer Oberfläche eine dünne, geriffelte Haut. Diese Lava wird nach dem hawaiianischen Wort für dünnflüssig Pahoehoe genannt. Weil die erstarrte Lava zusammengerollten Tauen ähnelt, heißt sie auch Strick-, Seil- oder Wulstlava. An den Enden bilden sich oft rundliche Lappen.

WÖRTERBUCH

Einige Lavaformen sind nach der hawaiianischen Vulkangöttin **PELÉ** benannt. Die Menschen auf Hawaii glauben, dass sie im Krater des Vulkans Kilauea lebt.

Aa ist ein hawaiianisches Wort und drückt den Schmerzensschrei aus, den man ausstößt, wenn man barfuß über die scharfkantigen Lavablöcke läuft.

SCHON GEWUSST?

Zwischen 1983 und 1989 ist aus dem Vulkan Kilauea auf Hawaii so viel Lava herausgeströmt, dass man daraus eine Straße bauen könnte, die viermal um die ganze Welt führt.

Der längste Lavastrom kam aus einem Vulkan, der vor 190 000 Jahren bei Undara in Nordostaustralien ausbrach. Er war 160 km lang, und seine Lavatunnel sind noch heute zu sehen.

WEGWEISER

- Auf dem Meeresboden erstarrt Lava rasch zu rundlichen Blöcken, die Kissenlava genannt werden. Lies S. 12–13.
- Die Hawaii-Inseln sind aus einem Hot-Spot-Ausbruch hervorgegangen. Mehr darüber steht auf S. 18–19.
- Lava kann aus Kratern herausschießen, aus Spalten hervorquellen oder aus Schloten heraussickern. Welche Arten von Ausbrüchen es gibt, steht auf S. 39.

Auf Hawaii erreichen die Lavaströme oft das Meer. Wenn sich die glühende Lava ins Wasser ergießt, kühlt sie rasch ab und verwandelt sich in Gestein, das die Insel vergrößert.

SEI AKTIV!

Dein Lavastrom

1. Nimm 1 Tasse Mehl, etwas Backpulver, 1/2 Tasse Zucker, 2 gehäufte Esslöffel Kakao, 1/2 Tasse Milch, 2 Esslöffel Butter und 1/2 Teelöffel Salz. Vermische die Zutaten zu einem Teig und gieße ihn in eine gefettete Kuchenform. Forme mit den Händen in der Mitte einen kleinen Berg.
2. Vermische 1/2 Tasse braunen Zucker mit 2 Esslöffeln Kakao und streue die Masse auf den Teig. Dann gieße ganz vorsichtig eine Tasse sehr heißes Wasser darüber.
3. Schiebe die Form in einen auf 220 °C vorgeheizten Backofen und lasse sie 30–40 Minuten darin. Der Kuchen ist fertig, wenn die Schokoladen-„Lava" zu fließen beginnt. Vergiss nicht: Lava ist sehr heiß – also warte, bis sie abgekühlt ist, bevor du sie isst!

Wenn große Mengen Lava langsam fließen und nicht allzu heiß sind, bildet sich beim Abkühlen die raue, oft scharfkantige Aa-Lava. Eine Zeit lang kann noch frische Lava nachfließen, aber irgendwann ist die gesamte Masse zu Gestein erstarrt.

Der Wind oder die Gewalt eines Vulkanausbruchs kann Lavaklumpen in dünne Stränge zerreißen. Beim Herabfallen kühlen diese Stränge ab und bilden glasartige und haarähnliche Fäden.

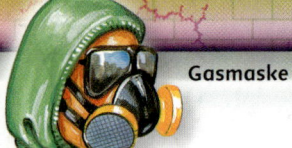
Gasmaske

Schutzhelm und Schutzbrille

Asche und Gase

Zu Vulkanausbrüchen kommt es, wenn Gase aus dem aufsteigenden Magma entweichen; weil der Druck im Erdinnern so stark geworden ist, dass das darüberliegende Gestein ihm nicht mehr standhalten kann; wenn der Druck durch das Einstürzen des Vulkans plötzlich verringert wird. Die Gase schleudern pulverisiertes Gestein, Lavaklumpen und feine Asche in die Atmosphäre. Die häufigsten bei Vulkanausbrüchen freigesetzten Gase sind Wasserdampf, Schwefeldioxid und Kohlendioxid. Wasserdampf kann verbrühen, große Mengen Kohlendioxid lassen Sauerstoff atmende Lebewesen ersticken.

Schwefeldioxid kann sich mit Wasserdampf verbinden und in der Atmosphäre Schwefelsäure bilden. Seltenere Gase sind Chlor und Fluor, die giftig sind und Metalle angreifen, und Schwefelwasserstoff. Eine Gasmaske, ein Schutzhelm und eine Schutzbrille bieten einen gewissen Schutz.

Herabregnende Asche kann den Himmel tagelang verfinstern und eine riesige Fläche unter sich begraben, Straßen verstopfen und Häuser einstürzen lassen. Noch gefährlicher sind Glutlawinen aus Asche und Gasen, die sich mit einer Geschwindigkeit von bis zu 100 km/h an der Flanke des Berges herabwälzen und alles vernichten, was auf ihrer Bahn liegt.

Der Vulkan Soufrière Hills auf der Karibikinsel Montserrat brach im Juli 1995 aus. Explosionen von Wasserdampf und schwefligen Gasen überschütteten das Land mit Asche. Über den Kraterrand wölbten sich Lavakuppen auf, die von Juli 1996 an mehrmals einstürzten und gewaltige Glutlawinen auslösten, die sich schließlich ins Meer ergossen. 16 Bauern kamen ums Leben, und viele Bewohner der Insel mussten ihre Häuser verlassen.

SEI AKTIV!
Eine explosive Reaktion

Dies ist eine Möglichkeit, einen Vulkanausbruch gefahrlos zu beobachten. Ein Erwachsener sollte bei dem Versuch zugegen sein.

1. Nimm eine leere Sprühflasche und entferne die Sprühdüse. Dieser Behälter soll dein Vulkan sein.
2. Fülle den Behälter zu einem Drittel mit weißem Essig, gemischt mit ein paar Tropfen roter Speisefarbe. Stelle ihn in einen Ausguss oder in den Garten.
3. Nun nimm 1/2 Tasse Wasser, rühre einen Esslöffel Natriumbikarbonat hinein und gieße diese Mischung rasch in den Behälter. Tritt ein paar Schritte zurück.

Eine Gaswolke wird aus dem Behälter herausschießen, wie bei einem explosiven Vulkanausbruch. Du kannst das Experiment wiederholen und ein paar Tropfen Spülmittel in den Essig geben. Wenn du jetzt die Bikarbonat-Mischung hineinschüttest, wird Schaum aus dem Behälter quellen – wie eine Glutlawine!

Im August 1995 verfinsterte dichter Ascheregen den Himmel über Plymouth, der Hauptstadt der Karibikinsel Montserrat. Weitere Ausbrüche brachten neue Aschenregen mit sich. 1996 mussten der Flughafen geschlossen und Teile der Stadt aufgegeben werden.

WÖRTERBUCH

NUÉE ARDENTE für Glutwolke kommt aus dem Französischen: nuée (Wolke) und ardente (glühend). Der Franzose Alfred Lacroix beschrieb als Erster den Ausbruch des Mount Pelée auf Martinique im Jahr 1902.

LATERAL (lateinisch latus = Seite) bedeutet „seitlich". Vertikal (lateinisch vertex = Scheitel) bedeutet „senkrecht". Eine Ausbruch kann vertikal oder lateral sein.

SCHON GEWUSST?

Eine gewaltige Glutlawine, die 186 n. Chr. beim Ausbruch des Taupo in Neuseeland freigesetzt wurde, raste vermutlich mit einer Geschwindigkeit von 725 km/h über das Land – so schnell wie ein Düsenflugzeug.

In Japan legte eine Glutlawine aus dem Kagoschima eine Strecke von 60 km zurück. Sie war so schnell, dass sie dabei sogar 10 km offenes Meer übersprang.

WEGWEISER

• Asche von Vulkanausbrüchen kann sich mit Regenwasser zu gefährlichen Schlammströmen verbinden. Lies S. 45.
• Im Jahr 79 n. Chr. wurde die römische Stadt Pompeji von einer Glutlawine überrollt und unter Asche und Bimsstein begraben. Mehr darüber auf S. 54–55.

GLUTLAWINEN

Glutlawinen sind eine Folge von heftigen Eruptionen. Es gibt zwei Haupttypen von Eruptionen.

VERTIKALE ERUPTION

Bei einem Ausbruch wird eine riesige Wolke aus vulkanischen Materialien herausgeschleudert. Später stürzt ein Teil der Wolkensäule in sich zusammen und fällt auf die Erde zurück. Dann wälzt sich eine Mischung aus Asche und Gasen den Berg hinunter.

LATERALE ERUPTION

Dicke Lava, die den Hauptschlot oder einen Seitenschlot verstopft, wird plötzlich von aufgestauten Gasen herausgesprengt. Dabei werden Asche, Gase und Gestein an einer Seite des Vulkans herausgeschleudert. Eine solche Glutlawine nennt man auch nuée ardente.

1991 löste eine laterale Eruption des Vulkans Unzen auf der japanischen Insel Kiuschu verheerende Glutlawinen aus. 41 Menschen starben, eine Grundschule und 705 Häuser wurden zerstört, und fast 9000 Menschen mussten evakuiert werden.

Nachwirkungen

Lava, Asche und Gase sind nicht die einzigen Gefahren, die ein Vulkanausbruch mit sich bringt. Die Nachwirkungen sind häufig ebenso lebensbedrohend und sogar noch verheerender. Regen aus Eruptionswolken, Eis und Schnee, die in der Hitze schmelzen, einbrechende Kraterseen und Erdbeben können Erdrutsche und Schlammströme, sogenannte Lahars, auslösen. Wenn Lava, Schlamm und Glutlawinen Flüsse füllen, kommt es zu Überschwemmungen. In Küstenregionen können Erdrutsche Tsunamis auslösen.

Von einem Vulkanausbruch betroffene Ortschaften können auch in anderer Hinsicht bedroht sein. Wenn Wasserversorgung und Kanalisation zerstört sind, können Seuchen ausbrechen. Blockierte Straßen und Bahnstrecken machen die medizinische Versorgung der Bevölkerung fast unmöglich. Und wenn die Ernte vernichtet wurde, droht eine Hungersnot.

Vulkane können sich auch langfristig auf das lokale und das Weltklima auswirken. Die aus den Schloten entweichenden Aerosole (Schwebstoffe) verbreiten sich in der Atmosphäre. Heftige schwefelreiche Ausbrüche füllen die Luft mit winzigen Schwefelsäuretröpfchen, die einen Teil der Sonnenstrahlen blockieren und die Temperatur auf der Erde sinken lassen. Fluor und Chlor können die Ozonschicht beschädigen, die uns vor schädlichen Sonnenstrahlen schützt.

Am 13. November 1985 ergoss sich ein gewaltiger Schlammstrom über die kolumbianische Stadt Armero und tötete 23 000 Menschen. Ausgelöst wurde er durch einen Ausbruch des 45 km entfernten Nevado del Ruiz, bei dem der Schnee auf seinem Gipfel schmolz.

INSIDESTORY
Gefahr am Himmel

Im Dezember 1989 wurden Besatzung und Passagiere einer französischen Linienmaschine, die gerade über Alaska hinwegflog, zu Tode erschreckt. Asche von einem Ausbruch des Redoubt verstopfte alle vier Triebwerke des Flugzeugs, das daraufhin 3200 Meter tief absackte, bevor es dem Piloten gelang, die Maschine abzufangen und sicher zu landen. Dieser Vorfall führte dazu, dass die Bedrohung durch Vulkanasche sehr ernst genommen wurde. Heute werden sämtliche Ausbrüche im Bereich des Nordpazifiks von einem Observatorium in Alaska überwacht. Dort treffen ständig Berichte von amerikanischen und russischen Vulkanologen ein, und Satelliten registrieren Aschewolken. Auch werden Seismometer eingesetzt, und der Gasausstoß der 16 gefährlichsten Vulkane Alaskas wird regelmäßig kontrolliert.

DAS JAHR OHNE SOMMER
Der Ausbruch des Tambora in Indonesien im April 1815 war der heftigste in geschichtlicher Zeit. Ungefähr 10 000 Menschen starben sofort, aber ungezählte weitere litten unter den Nachwirkungen des Ausbruchs, darunter auch viele auf der anderen Seite der Erde.

Bei der gewaltigen plinianischen Eruption wurden etwa, 1,7 Millionen Tonnen Asche in die Atmosphäre geschleudert und riesige Glutlawinen ausgelöst. Die Asche regnete auf weite Teile Indonesiens herab. Die Ernte fiel aus, und mehr als 80 000 Menschen verhungerten.

LAHAR ist das indonesische Wort für einen vulkanischen Schlammstrom. Lahars kommen in Indonesien relativ häufig vor, und Vulkanologen aus aller Welt reisen in das Land, um ihre Auswirkungen zu studieren.

Das Wort **AEROSOL** ist von griechisch aer (Luft) und lateinisch solutus (aufgelöst) abgeleitet und bezeichnet ein Gas, das feste oder flüssige Stoffe in feinst verteilter Form enthält.

1982 flog ein Jumbojet durch eine Aschewolke aus dem Vulkan Galunggung in Indonesien. Alle vier Triebwerke fielen aus, und die Maschine sackte fast 8000 Meter ab, bevor der Pilot die Triebwerke wieder starten konnte.

Aerosole und Aschepartikel aus Vulkanausbrüchen können die aufgehende Sonne erst grün, dann blau aussehen lassen.

- Der Ausbruch des Pinatubo war einer der heftigsten, die es je gab. Wie groß er im Vergleich zu anderen Ausbrüchen war, erfährst du auf S. 52–53.
- Welche Gase aus Vulkanen entweichen, steht auf S. 42–43.
- Auch Erdbeben können Erdrutsche und Schlammströme auslösen. Lies S. 24–25.

Beim Ausbruch des Pinatubo auf den Philippinen am 15. und 16. Juni 1991 starben 320 Menschen und rund 200 000 mussten ihre Häuser verlassen. Noch Jahre danach vermengte sich sintflutartiger Regen mit der Asche zu gewaltigen Schlammströmen. Ihnen fielen 600 Menschen zum Opfer. 1995 machte ein einziger Lahar 100 000 Menschen obdachlos.

Die Asche des Tambora wanderte um den ganzen Globus und ließ die Temperatur in vielen Teilen der Welt sinken. Auf der Nordhalbkugel gab es einen ungewöhnlich strengen Winter und einen der kältesten Sommer. 1816 wurde als „das Jahr ohne Sommer" bekannt.

Ascheteilchen in der Luft verstärken die Gelb- und Rottöne von Sonnenauf- und -untergängen. Nach dem Ausbruch des Tambora waren sie überall auf der Welt besonders spektakulär.

Geysire und heiße Quellen

Noch Tausende von Jahren nach dem letzten Ausbruch kann das Gebiet unter einem Vulkan heiß bleiben. In diesen sogenannten geothermalen Regionen trifft aus sehr alten Magmakammern aufsteigende Wärme auf Wasser, das durch Spalten in der Erde herabsickert. Das Wasser kann bis auf 270 °C aufgeheizt werden, aber der Druck von kühlerem Wasser in dem darüber liegenden Gestein verhindert, dass es kocht. Aber wenn das Wasser in den oberen Gesteinsschichten an der Oberfläche ausfließt, lässt der Druck nach, und das heißere Wasser aus der Tiefe verwandelt sich in Dampf, der dann emporschießt. Je nach der Stärke des Druckes können Wasser und Wasserdampf in Form einer gewaltigen Fontäne, die Geysir genannt wird, ausbrechen oder als heiße Quelle sanft herausprudeln. Manchmal bahnen sich Wasser und Dampf ihren Weg durch weiches Erdreich; dann bilden sich brodelnde Schlammkessel. Heißes Grundwasser wäscht die Mineralien im umliegenden Gestein heraus und befördert sie an die Oberfläche. Wenn das Wasser dann verdunstet, bleiben die Mineralien zurück. Diese Ablagerungen werden Sinter genannt und sind oft überaus schön geform und gefärbt.

In geothermalen Regionen sprudeln Geysire aus Sintergestein, und heißes Wasser tropft von Sinterterrassen. In Vertiefungen brodeln Schlammkessel. Und alles ist in wogende Dampfwolken eingehüllt.

Sinterterrassen

In Japan gibt es zahlreiche heiße Quellen. In den Japanischen Alpen auf der Insel Honschu haben Makaken gelernt, wie sie sich im Winter aufwärmen können. Sie baden in dem heißen Wasser.

Schlammkessel

Das Wasser in diesem Schwimmbecken kommt aus heißen Quellen. Im nahe gelegenen Kraftwerk treibt der Dampf die Turbinen von Generatoren an, die elektrischen Strom erzeugen.

WÖRTERBUCH

GEYSIR ist ein isländisches Wort, das „hochschießen" bedeutet. In Island ist es zugleich der Name des berühmtesten Geysirs des Landes, 80 km nördlich der Hauptstadt Reykjavik.

GEOTHERMAL ist aus zwei griechischen Wörtern zusammengesetzt, nämlich geo (Erde) und thermos (heiß). Für geothermale Aktivitäten ist die heiße Erde verantwortlich.

SCHON GEWUSST?

Der höchste aktive Geysir der Welt ist der Steamboat-Geysir im Yellowstone Park im amerikanischen Staat Wyoming. Seine Fontäne erreicht eine Höhe von 115 m und ist damit höher als ein 30-stöckiges Gebäude.

Die höchsten Fontänen, die je beobachtet wurden, schossen zwischen 1900 und 1904 aus dem Waimangu-(Schwarzwasser)-Geysir in Neuseeland hervor. Sie erreichten Höhen bis zu 460 m. So hoch ist ein Gebäude mit 125 Stockwerken.

WEGWEISER

- Die Wärme, die heiße Quellen und Geysire antreibt, kommt aus Kammern, in denen sich aus dem Mantel aufgestiegenes Magma angesammelt hat. Mehr über den Mantel steht auf S. 8–9.
- In Island gibt es auch aktive Vulkane und zwei große Grabenzonen. Mehr darüber auf S. 56–57.
- Wusstest du, dass es Geysire auch auf anderen Planeten gibt? Mehr darüber steht auf S. 60–61.

Mineraltümpel

Geysir

WIE GEYSIRE AUSBRECHEN

Wie Geysire funktonieren, können die Wissenschaftler nicht genau erklären, weil sie nicht in den heißen Untergrund hinabsteigen können. Aber Experimente lassen vermuten, dass ein Ausbruch folgendermaßen abläuft:

Oberflächenwasser sickert durch Spalten und einen Schlot in einen Hohlraum. Wärme, die von einer Magmakammer aufsteigt, erhitzt das Wasser in dem Hohlraum, aber der Druck des Wassers in den Spalten und im Schlot verhindert, dass es kocht.

Wenn sich der Hohlraum, der Schlot und die Spalten füllen, fließt das Wasser schließlich an der Oberfläche heraus. Sobald das passiert, lässt der Druck im Hohlraum nach. Das Wasser gerät ins Kochen, und Dampf und Wasser schießen zur Oberfläche empor.

Manche Geysire brechen regelmäßig aus, andere zu unvorhersehbaren Zeiten. Wenn die Wärmequelle im Erdinnern erlischt, stirbt auch der Geysir.

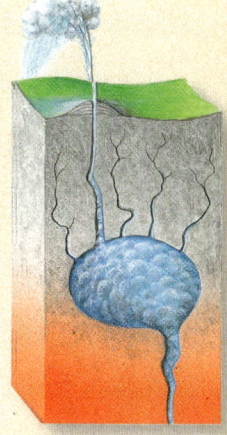

SEI AKTIV!

Mache dir einen Geysir

Mit einfachen Hilfsmitteln kannst du dir einen Geysir machen.

1. Fülle eine Schüssel mit Wasser. Stelle einen Trichter umgekehrt so in die Schüssel, dass der Hals aus dem Wasser herausragt.
2. Nimm einen biegsamen Strohhalm und schiebe ein Ende unter den Trichter. Das andere soll über den Schüsselrand herausragen.
3. Puste in den Strohhalm und sieh zu, was passiert.

Wasser schießt aus dem Trichterhals. Der Druck deines Atems treibt das Wasser nach oben. Ein Geysir funktioniert ähnlich; allerdings wird der Druck von der Hitze einer Magmakammer erzeugt.

Vulkanlandschaften

Vulkane verändern mit jedem Ausbruch ihre Form. Neue Krater entstehen, und Lavaströme erstarren zu neuen Gesteinsschichten. Plinianische Ausbrüche bewirken die stärksten Veränderungen. Bei diesen heftigen Explosionen wird die Magmakammer teilweise entleert und der Vulkan stürzt ein. Dadurch entsteht ein gewaltiger Kessel, der als Caldera bezeichnet wird. In einer Caldera können Lavakuppen emporwachsen; gelegentlich bildet sich in ihr sogar ein neuer Vulkan.

Selbst ruhende oder erloschene Vulkane können sich noch verändern. Regen und Wind tragen Gestein ab, Regenwasser füllt die Krater. Flüsse meißeln tiefe Täler in die Flanken eines Vulkans. In Jahrmillionen können diese Kräfte das weichere Äußere eines Vulkans so weit abtragen, dass nur ein Skelett aus harter Lava übrig bleibt. Zu diesem Skelett gehören Gänge und Pfropfen, die sich einst in unterirdischen Spalten und Schloten bildeten.

Der größte Teil der Lava erstarrt zu Basalt, Andesit oder Rhyolit. Welche Form die Vulkangesteine annehmen, hängt davon ab, wie schnell die Lava abgekühlt ist. Lava, die im Wasser schnell abkühlt, kann kissenförmige Hügel bilden. Andere Lava erstarrt zu sechseckigen Säulen.

Diese hohen Säulen aus vulkanischem Gestein in Kalifornien sehen aus wie Orgelpfeifen. Sie entstanden, als ein Lavastrom abkühlte. Als sich die Lava weiter verhärtete, schrumpfte sie und zerbarst in regelmäßige, sechseckige Säulen.

Pfropfen und Gänge
aus in Vulkanschloten
und -spalten
erstarrter Lava.

INSIDESTORY

Leben in einem Feenturm

Ich heiße Jaschir und lebe in Göreme in der Türkei. Mein Haus ist in eine hohe Felsnadel hineingemeißelt. Die älteren Leute nennen diese Felsnadeln „Feentürme" und behaupten, sie wären früher die Behausungen von Geistern gewesen. Aber unser Lehrer hat gesagt, sie wären vor Millionen von Jahren entstanden, als Flüsse das weichere Vulkangestein fortspülten. Menschen leben hier seit ungefähr 10 000 Jahren.

Unser Haus ist sehr komfortabel. Der Fels bleibt im Sommer kühl, und im Winter ist es in ihm sehr gemütlich. Wir haben ein großes Wohnzimmer, eine Küche und drei Schlafzimmer und graben ein weiteres in den Fels.

FLUTBASALTE
Teile unserer Erde sind von dicken Lavaschichten bedeckt, sogenannten Flutbasalten. Die meisten von ihnen entstanden, als ein Hot Spot ausbrach und ungeheure Mengen von geschmolzenem Gestein ausspie. Das kommt jedoch nur alle 10 bis 20 Millionen Jahre einmal vor. Ein berühmtes Beispiele für Flutbasalte ist der Dekhantrapp in Zentralindien.

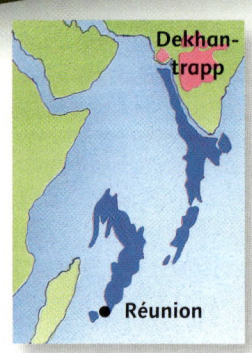
Dekhan-
trapp

Réunion

Der Basalt des Dekhantrapps kam aus einem Hot Spot, der vor 65 Millionen Jahren unter Indien lag. Eine Million Jahre lang ergossen sich Lavaströme über ein Drittel von Indien. Seit dem Lavaausbruch ist Indien von dem Hot Spot fortgedriftet. Eine unterseeische Vulkankette verbindet den Dekhantrapp mit dem Hot Spot, der heute unter der Insel Réunion im Indischen Ozean liegt.

WÖRTERBUCH

RHYOLIT ist von dem griechischen Wort rhyax abgeleitet, das „flüssig" bedeutet.

ANDESIT erhielt seinen Namen nach den Anden in Südamerika. In der Umgebung der Vulkane dieses Gebirges kommt das Gestein besonders häufig vor.

CALDERA ist das spanische Wort für Kessel und gleichzeitig der Name eines Kraters auf den Kanarischen Inseln.

SCHON GEWUSST?

Die größte Caldera ist der Tobasee auf der indonesischen Insel Sumatra. Er hat eine Fläche von 1755 km². Führe man im Auto mit einer Geschwindigkeit von 80 km/h, würde man für seine Überquerung eine Stunde brauchen.

Der Binneringe Dike, ein Felsenwall in Westaustralien, ist über 600 km lang. Um diese Strecke mit dem Auto zurückzulegen, würdest du zwei Tage brauchen.

WEGWEISER

- Pfropfen, Gänge und Lakkolithen waren einst Kanäle für glutheißes geschmolzenes Gestein. Lies S. 38–39.
- Wenn Lava an der Oberfläche abkühlt, nimmt sie Formen an, die Pahoehoe und Aa heißen. Wie sie aussehen und woher ihre Namen kommen, steht auf S. 40–41.

Calderas sind von schroffen Ringen umgeben, und Flutbasalte sind als weite Hochebenen mit treppenförmig abgestuften Rändern erhalten geblieben. In stark erodierten Landschaften können unterirdische Kanäle, die einst Vulkane speisten, in Form von wallartigen Gebirgen und Felsnadeln zum Vorschein kommen.

Ein Gang entsteht, wenn Magma eine Spalte füllt. Ist die Lava härter als das umliegende Gestein, wird dieses im Laufe der Zeit abgetragen, und der Gang kommt als wallartiges Gebirge zum Vorschein. Dieser Gebirgswall liegt in Nordwestaustralien.

Caldera mit kleinem Krater.

Aus vielen Lavaschichten aufgebaute Hochebene, Hinweis auf Flutbasalte.

Mit Wasser gefüllter und von Regen gespeister Kratersee.

Lagergänge aus erstarrtem Magma erkennbar zwischen Gesteinsschichten.

Einstiger Lavastrom

An der Oberfläche freigelegter alter Lakkolith.

Sedimentschichtgestein wölbt sich über alten Lakkolithen auf.

Senkrechte Gänge speisen oft horizontale.

Der Dekhantrapp bildet gewaltige, über 1500 m mächtige Hochebenen. An vielen Stellen haben sich Flüsse einen Weg durch das Gestein gebahnt und die Lavaschichten freigelegt. Die Dicke der Schichten schwankt und gibt Aufschluss darüber, wie lange ein Ausbruch dauerte und wie viel Lava ausgeflossen ist.

Die Basaltschichten verraten den Wissenschaftlern, dass sich auf manchen Schichten Sedimente ablagerten, bevor sie unter dem nächsten Lavastrom begraben wurden. Sie deuten darauf hin, dass es zwischen den Ausbrüchen friedliche Perioden gab, in denen sich Flüsse und Seen bildeten.

Tragbares Seismometer   **Temperatursonde**

Vulkanologie

Vor 2350 Jahren reiste der griechische Philosoph Plato nach Sizilien, um einen Ausbruch des Ätna zu beobachten. Er war der erste Mensch, der abkühlende Lava beschrieb. Im 18. Jahrhundert brach ein Streit über die Ursprünge vulkanischen Gesteins aus. Die Neptunisten behaupteten, viele vulkanische Gesteine hätten sich aus Meerwasser herauskristallisiert. Die Plutonisten vertraten die Ansicht, dass sich solche Gesteine aus geschmolzenem Material aus dem Erdinnern gebildet hätten. Erst Anfang des 19. Jahrhunderts erhielten die Plutonisten recht.
Die wissenschaftliche Beschäftigung mit Vulkanen wird Vulkanologie genannt. Heute überwachen Vulkanologen Ausbrüche mithilfe von Flugzeugen und Satelliten und filmen vulkanische Aktivitäten aus sicherer Entfernung. Um die Vulkane aber wirklich kennenzulernen, müssen sie hinaufklettern und sich den Gefahren von Lava, Gasen und Erdrutschen aussetzen. Nur so können sie Proben entnehmen und Instrumente aufstellen, die Erschütterungen und Geräusche aufzeichnen. Die Vulkanologen arbeiten eng mit den Behörden zusammen. Anhand ihrer Informationen entscheiden die Behörden, ob eine von einem drohenden Vulkanausbruch gefährdete Region evakuiert werden muss.

Bei ihrer Arbeit müssen Vulkanologen ständig mit Gefahren wie unsicherem Boden oder plötzlichem Ausströmen von Lava oder Gasen rechnen.

INSIDESTORY
Ein dynamisches Paar

Die französischen Wissenschaftler Maurice und Katia Krafft gehören zu den herausragenden Persönlichkeiten in der Geschichte der Vulkanologie. Maurice interessierte sich schon als 7-Jähriger für Vulkane, nachdem er 1954 einen Ausbruch des Stromboli beobachtet hatte. Mit 15 Jahren gehörte er der französischen Geologischen Gesellschaft an. Katia und Maurice lernten sich an der Universität kennen. Gemeinsam untersuchten, fotografierten und filmten sie Vulkane in der ganzen Welt. Sie interessierten sich besonders für Ausbrüche mit Glutlawinen, weil sie die gefährlichsten sind. Bei einem Ausbruch des Unzen in Japan am 3. Juni 1991 fielen die Kraffts und 39 weitere Menschen einer Glutlawine zum Opfer.

Messen von Erschütterungen mit tragbarem Seismometer

Entnahme von Proben vulkanischer Gase

WÖRTERBUCH

Die **NEPTUNISTEN** wurden nach Neptun, dem römischen Gott des Meeres, die **PLUTONISTEN** nach Pluto, dem römischen Gott der Unterwelt, benannt.

Das Wort **VULKANOLOGIE** ist aus Vulkan, dem Namen des römischen Feuergottes, und dem griechischen Wort logos (Wissensgebiet) zusammengesetzt.

SCHON GEWUSST?

Die Seismometer im Vulkan-Observatorium auf Hawaii sind so empfindlich, dass sie aus dem Erdmantel oder einer Kammer in der Erdkruste aufsteigendes Magma entdecken können, lange bevor es die Oberfläche erreicht hat.

Luftaufnahmen mit speziellen Radargeräten haben aktive Vulkane in einer Tiefe von 1500 m unter der Eisdecke der Antarktis sichtbar gemacht.

WEGWEISER

- Seismometer spielen bei der Erforschung von Erdbeben eine wichtige Rolle. Mehr darüber steht auf S. 26–27.
- Von den Vulkanologen registrierte Vorzeichen führten zur Evakuierung vieler Menschen aus der Umgebung des Mount St. Helens vor seinem Ausbruch im Jahr 1980. Einzelheiten findest du auf S. 58–59.

Vulkanologen arbeiten in Teams, und jeder Wissenschaftler hat eine bestimmte Aufgabe. Einige messen mit Sonden die Temperatur der Lava. Andere arbeiten mit tragbaren Seismometern, die Erschütterungen registrieren. Diejenigen, die dicht an der Lava arbeiten, tragen Schutzanzüge.

Vermessung des Kraters

VON LAVA LERNEN

Anhand von Lavaproben können die Wissenschaftler feststellen, wie sich vulkanische Gesteine bilden, woraus sie bestehen und aus welchem Teil des Erdinnern die Lava stammt.

Manche Lavaströme enthalten Gesteinsbrocken aus dem Erdmantel. Sie ermöglichen es den Wissenschaftlern, Gesteine zu untersuchen, die normalerweise unerreichbar sind. Die grünen Stücke in dieser Lava sind Brocken des Gesteins Peridotit, das sich in 40 km Tiefe gebildet hat.

Um herauszufinden, aus welchen Mineralien ein Gestein besteht und damit zugleich, welche Art vom Magma sich unter dem Vulkan befindet, betrachten Vulkanologen dünne Lavaplättchen unter dem Mikroskop. Dadurch erhalten sie Hinweise auf das künftige Verhalten des Vulkans.

Messung der Temperatur der Lava

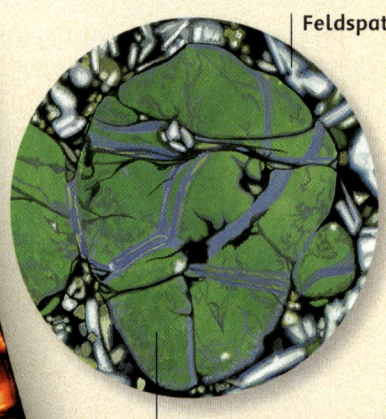

Feldspat

Olivin

80	18	12	10	3	1
Tambora 1815	Krakatau 1883	Novarupta 1912	Pinatubo 1991	Versuv 79 n. Chr.	Mt. St. Helens 1980

Heftige Ausbrüche

Im Laufe der Geschichte haben Vulkanausbrüche immer wieder Landschaften verändert. In manchen Ländern gibt es jedoch besonders viele tätige Vulkane. Die meisten von ihnen liegen in Regionen, in denen tektonische Platten aneinanderstoßen, andere über einem Hot Spot oder nahe einer Grabenzone wie dem Ostafrikanischen Grabensystem.

In den letzten 10000 Jahren sind etwa 14000 Vulkane ausgebrochen. Von einem heftigen Ausbruch spricht man, wenn ein Vulkan mit ungeheurer Gewalt explodiert, riesige Mengen Lava ausstößt oder katastrophale Schäden anrichtet. Häufig wird auch eine große Wolke aus Asche und Bimsstein emporgeschleudert. Die Ausmaße dieser Wolken liefern den Wissenschaftlern einen Maßstab für die Stärke eines Ausbruchs. Sie ist die Grundlage einer von 0 bis 8 reichenden Skala.

Aber die Heftigkeit eines Ausbruchs besagt nichts über die Schäden, die er anrichtet, und selbst kleine Ausbrüche können tödliche Folgen haben. So löste zum Beispiel 1985 ein kleiner Lava-Ausbruch unter einem Gletscher auf dem Nevado del Ruiz in Kolumbien einen Schlammstrom aus, der eine ganze Kleinstadt unter sich begrub und 22000 Menschen tötete.

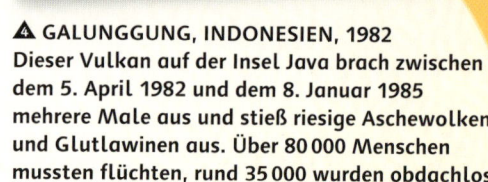

GALUNGGUNG, INDONESIEN, 1982
Dieser Vulkan auf der Insel Java brach zwischen dem 5. April 1982 und dem 8. Januar 1985 mehrere Male aus und stieß riesige Aschewolken und Glutlawinen aus. Über 80000 Menschen mussten flüchten, rund 35000 wurden obdachlos.

Vulkanausbrüche ereignen sich am häufigsten an den Rändern der tektonischen Platten oder über Hot Spots. Die meisten Vulkane gibt es in Indonesien, 50 aktive allein auf der Insel Java. Am gefährlichsten sind diejenigen, die in dicht besiedelten Regionen liegen.

Laki, 1783

EUROPA

Vesuv, 79 n. Chr.

Santorin, 1645 v. Chr.

Ätna, 1669

AFRIKA

INSIDESTORY
Berichte von Überlebenden

Nur eine Handvoll Menschen überlebte den Ausbruch des Mount Pelée im Jahr 1902. Harviva Da Ifrile war gerade auf einem Botengang unterwegs, als der Berg explodierte. Sie sah „brodelndes Zeug" auf sich zukommen, rannte zum Boot ihres Bruders und schaffte es, zu einer Grotte zu segeln. Später erinnerte sie sich: „Die ganze Flanke des Berges ... schien sich zu öffnen und auf die schreienden Menschen herunterzubrodeln." Auguste Ciparis saß in einer unterirdischen Gefängniszelle, die ihm letztendlich Schutz bot. Später reiste er mit dem Zirkus Barnum & Bailey durch die USA. Er nannte sich „Der Gefangene von St. Pierre" und erzählte in einem Nachbau seiner Zelle einem staunenden Publikum von seiner Errettung.

KRAKATAU, INDONESIEN, 1883
Der Ausbruch vom 28. August hatte katastrophale Folgen. Aus dem Vulkan herausgeschleudertes Material stürzte ins Meer und löste Tsunamis aus, denen 36000 Menschen zum Opfer fielen.

WÖRTERBUCH

Als der Krakatau im Jahr 1883 explodierte, brach der Vulkan zusammen, und im Meer bildete sich eine riesige Caldera. 1927 kam in der Mitte der Caldera ein neuer Vulkan zum Vorschein. Er wurde **ANAK KRAKATAU** genannt, was „Kind des Krakatau" bedeutet.

KILAUEA ist ein hawaiianisches Wort, das „viel speien" bedeutet und auf die häufigen Ausbrüche dieses Vulkans hinweist.

SCHON GEWUSST?

Der Ausbruch des Krakatau im Jahr 1883 war noch in 5000 Kilometer Entfernung zu hören und hatte die Gewalt von 26 der größten Atombomben, die bisher gezündet wurden.

1815 stieß der Tambora pro Sekunde 500 Millionen Tonnen Material in Form von Glutlawinen aus. Das entspricht dem Gewicht von 5000 Ozeandampfern.

WEGWEISER

- Die meisten Vulkane bilden sich infolge von Zusammenstößen tektonischer Platten. Lies nach auf S. 14–15.
- Verschiedene Ausbruchstypen. Lies nach auf S. 38–39.
- Mehr über die Ausbrüche des Nevado del Ruiz und des Pinatubo erfährst du auf S. 44–45.

⬙ PINATUBO, PHILIPPINEN, 1991
Beim Ausbruch am 15. Juni kamen 320 Menschen ums Leben. Dass es nicht mehr Tote gab, ist den Vulkanologen zu verdanken, deren Informationen zur rechtzeitigen Evakuierung von 79 000 Menschen führten.

⬙ KILAUEA, HAWAII, USA, 1983
Dieser Ausbruch am 8. Januar entwickelte sich zur längsten und größten Flankeneruption in der Geschichte des Berges. 1999, rund 16 Jahre später, strömte immer noch Lava aus.

⬙ MOUNT PELÉE, MARTINIQUE, 1902
Am 8. Mai wurde St. Pierre, die Hauptstadt der Insel, um 7.52 Uhr von einer glühenden Lawine aus Gestein, Asche und Lava aus dem nahe gelegenen Mount Pelée überrascht. 20 000 Menschen starben sofort. In der Stadt überlebten nur drei Personen.

SYMBOLE

Vulkanausbruch ▲

Heftiger Ausbruch ⬙
(Stärke nach Vulkanausbruch-Skala)

⬙ TARAWERA, NEUSEELAND, 1886
Am 10. Juni brach der Tarawera ganz plötzlich aus. Dörfer, Hotels, Farmen und Wälder sowie die damals berühmten Sinterterrassen wurden unter Gestein und Schlammströmen begraben, mehr als 100 Menschen kamen ums Leben.

Map labels: Besymiannij, 1956; Novarupta, 1912; Mount St. Helens, 1980; ASIEN; NORD-AMERIKA; Kilauea, 1983; El Chichón, 1982; Mount Pelée, 1902; Santa Maria, 1902; Pinatubo, 1991; SÜD-AMERIKA; Galunggung, 1822; Tambora, 1815; Krakatau 1883; AUSTRALIEN; Tarawera, 1886; Taupo, 186 n. Chr.

Der Mittelmeerraum

Tief unter dem Mittelmeer schiebt sich die Afrikanische Platte
langsam unter die Eurasische Platte. Die Folge davon ist, dass sich
an der Nordküste des Meeres Vulkane bilden und ausbrechen und
die Region häufig von Erdbeben erschüttert wird. Die Vulkane des
Mittelmeerraums lassen sich in zwei Hauptgruppen unterteilen.
Die erste Gruppe liegt in Süditalien; es ist das aktivste Vulkangebiet
des europäischen Festlands. Zu ihr gehören der Vesuv, die Solfatari
und die Krater der Phlegräischen Felder in der Nähe von Neapel,
der Ätna auf Sizilien und die Liparischen Inseln Stromboli, Vulcano
und Lipari. Östlich davon liegt eine zweite, kleinere Gruppe von
Vulkanen im Ägäischen Meer. Zu ihr gehören die griechischen
Inseln Santorin, Nisiros und Kos.

Vor ungefähr 3500 Jahren gab es auf Santorin einen der heftigsten
Ausbrüche in historischer Zeit. Der ganze Vulkan brach zusammen,
und es bildete sich eine riesige Caldera, die vom Meer überflutet
wurde. Die nächste große Katastrophe ereignete sich 79 n. Chr.,
als Asche, Schlamm und Glutlawinen aus dem Vesuv Pompeji
und Herculaneum unter sich begruben.

Seither ist der Vesuv viele Male ausgebrochen. Er stellt noch
immer eine Gefahr für die Stadt Neapel und ihre drei Millionen
Einwohner dar. Obwohl der Vesuv seit 1944 ruht, wird jedes
Grollen genau untersucht. Dagegen speit der Ätna auf Sizilien,
Europas aktivster Vulkan, alle paar Jahre Lava aus, die die
umliegenden Ortschaften bedroht.

Am 24. August des Jahres 79 n. Chr. brach
der Vesuv mit großer Heftigkeit aus und
überschüttete die Stadt Pompeji mit
Asche und Bimsstein. Kurz darauf ergoss
sich eine Glutlawine über die Stadt und
begrub sie unter einer 3 Meter dicken
Asche- und Bimssteinschicht.

Aus der Ferne betrachtet sehen die
Ausbrüche des Ätna wie ein grandioses
Feuerwerk aus. Aber Lavaströme aus
dem Vulkan stellen eine Bedrohung
für die Ortschaften in seiner Umgebung
dar. 1993 gelang es, einen Lavastrom
abzuleiten, bevor er das Dorf Zafferana
erreichte.

WÖRTERBUCH

Die italienische Bezeichnung für die **PHLEGRÄISCHEN FELDER** ist Campi Flegri, was „brennende Felder" bedeutet. In dieser Region bei Neapel gibt es viele rauchende Krater und Schlote.

SANTORIN hieß in der Antike Thera. Das war der Name eines spartanischen Fürsten, der um 1000 v. Chr. über die Insel herrschte. Im Mittelalter wurde die Insel nach ihrer Schutzheiligen, der heiligen Irene, in Santorin umbenannt.

SCHON GEWUSST?

Vor dem Ausbruch des Vesuv im Jahr 79 n. Chr. wussten die Menschen nicht, dass der Berg ein Vulkan war, weil er davor 600 Jahre geruht hatte. Nach dem Ausbruch von 79 n. Chr. war Pompeji so tief vergraben, dass die Menschen vergaßen, dass es existiert hatte. Erst im 19. Jahrhundert gingen Archäologen daran, die antike Stadt auszugraben.

WEGWEISER

- Die Plattengrenzen, die durch das Mittelmeer verlaufen, siehst du auf der Karte auf S. 10–11.
- Mehr über Erdbeben im Mittelmeerraum steht auf S. 30–31.
- Nach einem Vulkanausbruch 1996 versank Plymouth auf der Insel Montserrat unter Asche und musste aufgegeben werden. Lies S. 42–43.

INSIDESTORY

Ausgräber

„Ich ernenne Sie zum Leiter der Ausgrabungen in Pompeji", sagte König Viktor Emanuel II. 1860 zu Giuseppe Fiorelli, nachdem bei Kanalarbeiten in der Nähe von Neapel alte Straßen und Gebäude entdeckt worden waren. Der König war von den Funden begeistert. Der Archäologe Fiorelli hatte sich bereits als Kenner antiker Münzen einen Namen gemacht. Er erfand nun neue Ausgrabungsmethoden und entwickelte eine Möglichkeit, Gipsabgüsse von Hohlräumen in der Asche zu machen. Zur Registrierung seiner Funde bediente er sich der damals neuen Erfindung der Fotografie.

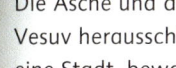

EINGEKAPSELT

Die Asche und der Bimsstein, die der Vesuv herausschleuderte, vernichteten eine Stadt, bewahrten aber gleichzeitig Beweise für den Ausbruch und die Lebensweise der Einwohner von Pompeji. Fiorelli erfand folgende Methode, mit der Abgüsse von den Überresten verschütteter Menschen hergestellt wurden.

Tausende Menschen wurden unter meterhoher, herabregnender Asche begraben und erstickten.

Die Körper verwesten allmählich, und nur das Skelett, Schmuck und andere harte Gegenstände blieben in den Hohlräumen zurück. Archäologen gossen die Hohlräume vorsichtig mit Gips aus.

Nachdem der Gips hart geworden war, wurde die Asche behutsam entfernt, und der Abguss kam zum Vorschein. Einige Abgüsse wurden an Ort und Stelle belassen, andere sind in Museen ausgestellt.

 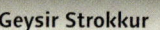 
Island

Island wird „das Land aus Eis und Feuer" genannt. Auf der Oberfläche ist es viele Monate im Jahr eiskalt, aber darunter tobt vulkanisches Feuer. Dafür gibt es zwei Gründe. Zum einen liegt die Insel über einem Hot Spot, und zum anderen liegt sie auf dem Mittelatlantischen Rücken, einer Zone, in der sich der Meeresboden verbreitert. Beide zusammen produzieren gewaltige Mengen von Lava, die aus Schloten, Spalten und Kratern quillt.

Der Mittelatlantische Rücken verläuft von Norden nach Südwesten unter der Insel und ist eine 100 bis 200 km breite Zone von Spalten und Gräben. Hier wird das Land auseinandergetrieben, etwa in dem Tempo, in dem deine Fingernägel wachsen. Der Hot Spot liegt unter dem Südosten der Insel. Bei Krafla, das über dem Hot Spot liegt, bricht ständig Lava aus Spalten hervor.

Die Isländer haben gelernt, mit gefährlichen Vulkanausbrüchen zu leben, ziehen aus der vulkanischen Natur ihres Landes aber auch Nutzen. Dampf aus der Erde beheizt mehr als 80 Prozent der isländischen Wohnhäuser, und in Wärmekraftwerken wird der größte Teil des Stroms erzeugt, der im Land gebraucht wird. Außerdem ziehen die Vulkane, Geysire und heißen Quellen Touristen aus aller Welt an.

Auf Island wirkt sich die Verbreiterung des Meeresbodens auf der Oberfläche aus. Die ozeanischen Platten, die beiderseits des Mittelatlantischen Rückens auseinandergedrängt werden, schieben den Ost- und den Westteil der Insel in entgegengesetzte Richtungen. So sacken schmale Landstreifen ab, und tiefe Verwerfungen wie diese in der Nähe des Myvatnsees entstehen im Norden der Insel.

INSIDESTORY

Kampf gegen die Lava

Im Januar 1973 schien die Lage hoffnungslos zu sein. Auf der Insel Heimaey floss Lava auf die Stadt Vestmannaeyjar zu und drohte, den Hafen zu verstopfen. Angesehene Vulkanologen rieten zur Evakuierung der Insel, aber der Physikprofessor Thorbjorn Sigurgeirsson schlug vor, Meerwasser über die Lava zu pumpen und sie so abzukühlen. Freiwillige bedienten insgesamt 47 Pumpen, und Wissenschaftler sprachen von der größten Anstrengung, die je zur Kontrolle von Lavaströmen unternommen wurde. Nach 3 Monaten und mit 6 Millionen Tonnen Wasser kam die Lava zum Stillstand.

Der Vulkan Grimsvötn liegt unter dem Vatnajökull, dem größten Gletscher Europas. Im September 1996 brach aus einer Spalte zwischen dem Grimsvötn und dem nicht weit davon entfernten Vulkan Bardabunga heiße Lava aus, die ein 180 m tiefes Loch in das Eis schmolz und eine Wolke aus Asche und Dampf freisetzte. Der Ausbruch dauerte 13 Tage.

EIS UND FEUER

Myvatnsee ● ● Krafla

Gletscher Vatnajökul

Bardabunga ▲

Grimsvötn ▲

Heimaey

Surtsey

Wasserstrom unter dem Gletscher

WÖRTERBUCH

Ein **JOKULHLAUP** ist eine durch einen Vulkanausbruch unter einem Gletscher verursachte Flut. Auf Isländisch heißt jokul (Gletscher) und hlaup (Flut).
SURTSEY wurde nach Surtur benannt, einem Riesen der isländischen Sagas. Surtur sollte die Welt in Brand setzen, sobald die Götter sie nicht mehr brauchten.

SCHON GEWUSST?

Ungefähr ein Drittel der Lava, die seit 1500 auf dem Festland ausgebrochen ist, trat auf Island zu Tage.
Beim Ausbruch des Laki 1783 wurde die größte Lavamenge der Geschichte herausgeschleudert – 13 km³, genug, um eine Stadt mit 24 km Durchmesser unter sich zu begraben. Sogar in China regnete Asche von diesem Ausbruch herab.

WEGWEISER

- Die Westhälfte von Island liegt auf der Nordamerikanischen Platte, die Osthälfte auf der Eurasischen. Mehr über Platten steht auf S. 10–11.
- Wie divergierende Platten Verwerfungen und Gräben verursachen, steht auf S. 12–13.
- Islands Vulkane haben riesige Lavamengen ausgeworfen. Mehr über die verschiedenen Arten von Lavaströmen steht auf S. 40–41.

Am 23. Januar 1973 brach aus einer Spalte in der Nähe der Stadt Vestmannaeyjar auf der Insel Heimaey Lava aus. Viele Häuser wurden unter einer dicken Ascheschicht begraben, andere fielen dem Lavastrom zum Opfer, der die Insel um rund 2,5 Quadratkilometer vergrößerte und den Eingang des Hafens zu blockieren drohte.

Am 15. November 1963 brach vor der Südküste von Island ein Vulkan auf dem Meeresboden aus. Wolken aus Wasserdampf und Lavafontänen schossen empor. Die Lava türmte sich auf dem Meeresboden auf und bildete eine neue Insel, die Surtsey genannt wird.

Im Oktober strömten Millionen von Tonnen Schmelzwasser in einen Kratersee unter dem Eis. Am 5. November floss der See über, und es kam zu einem Jokulhlaup, der Teile des Gletschers abbrechen ließ.

Pro Sekunde flossen ca. 55 000 m³ Wasser aus. Das entspricht ungefähr der Fließgeschwindigkeit des Kongo, des zweitgrößten Flusses der Erde. Die Wassermassen rissen Felsbrocken und riesige Eisblöcke mit, die Brücken, Stromleitungen und Straßen beschädigten.

Mount Rainier,
Washington, USA

Mount Garibaldi, British
Columbia, Kanada

Nordwestamerika

Im gesamten Westen Nordamerikas stoßen ozeanische Platten mit
kontinentalen zusammen. Die Folge sind zwei große Vulkanketten.
Die eine verläuft durch Kalifornien, Oregon und Washington
bis nach British Columbia. Zu ihr gehören Berge wie der Mount
St. Helens, der Mount Rainier und der Mount Garibaldi. Hier
kommt es zu Ausbrüchen, weil zwei kleinere Platten (Juan de
Fuca und Gorda) unter die Nordamerikanische Platte gedrückt
werden. Die zweite Kette liegt an der Südküste von Alaska. Für
die Eruptionen von Vulkanen wie Redoubt, Veniaminoff und
Augustine ist die Pazifische Platte verantwortlich, die hier unter
die Nordamerikanische gleitet.

In beiden Gruppen hat es im Laufe der letzten 10 000 Jahre gewaltige Ausbrüche gegeben. Bei einem der heftigsten, dem des Mount
Mazama vor ungefähr 6800 Jahren, ist der Crater Lake in Oregon
entstanden. 1912 füllte ein Ausbruch des Novarupta im Süden
von Alaska ein ganzes Tal mit Ignimbrit, dem Auswurfmaterial
einer Glutlawine, das so heiß war, dass es schmolz. Dieses
Tal wurde später „Tal der 10 000 Rauchsäulen" genannt.
Der dramatischste Ausbruch in neuerer Zeit war der des
Mount St. Helens im Mai 1980.

Die Ausbrüche der Vulkane Alaskas sind in
der Regel nicht allzu heftig. Der Veniaminoff,
ein für Alaska typischer Vulkan, schleudert
normalerweise nur Aschesäulen heraus.
Gelegentlich bilden sich auch Glutlawinen,
aber Lavaströme sind selten.

Beim Mount St. Helens gab es eine Reihe
von Anzeichen, die auf einen bevorstehenden
Ausbruch hindeuteten, darunter Erdbeben,
kleine Explosionen und eine wachsende,
durch emporsteigendes Magma verursachte
Auswölbung an der Nordflanke des Berges.
Am 18. Mai 1980 löste um 8.32 Uhr ein
Erdbeben einen Erdrutsch aus, bei dem der
obere Teil des Vulkans einbrach.

Magma staut
sich unter der
Nordflanke.

Ein gewaltiger Erdrutsch
löst einen Ausbruch an
Gipfel und Flanke
des Vulkans aus.

INSIDESTORY
Dramatische Fotos

Am 18. Mai 1980 flogen die Geologen Keith und Dorothy
Stoffel in ihrem kleinen Flugzeug über den Mount St. Helens.
Sie wollten einen Blick auf den Vulkan werfen, der seit März
gegrollt und geraucht hatte. Als sie sich dem Gipfel näher-
ten, sahen sie plötzlich, wie „Gestein und Eisbrocken in
den Krater rutschten ... Die ganze Nordflanke
des Gipfels geriet in Bewegung ... Dann gab
es eine gewaltige Explosion". Das Flugzeug
musste in einen steilen Sturzflug gehen, aber
es gelang den Stoffels, dramatische Fotos
zu schießen.

WÖRTERBUCH

Das **„TAL DER 10 000 RAUCH-
SÄULEN"** erhielt seinen Namen von
Robert Griggs, dem Leiter einer Expedition,
die den Ausbruch des Novarupta 1912
untersuchen sollte. Zu jener Zeit schossen
unzählige Dampffontänen aus dem immer
noch heißen Ignimbrit. Die meisten von
ihnen erloschen in den darauffolgenden
Jahren, aber der Name ist geblieben.

In **IGNIMBRIT** stecken die lateinischen
Wörter ignis (Feuer) und imber (Regen).

SCHON GEWUSST?

Der Ausbruch des Novarupta
im Jahr 1912 war noch in der 1200 km
entfernten Stadt Juneau im Osten von
Alaska zu hören. Weil der Wind in
Richtung Osten wehte, hörten die
Bewohner der nur 160 km westlich gelegenen Insel Kodiak überhaupt nichts.

Der Mount Mazama spuckte 30-mal
mehr Asche aus als der Mount St.
Helens.

WEGWEISER

- Für die meisten Vulkane in
Nordwestamerika ist Subduktion verantwortlich. Mehr über Subduktion
steht auf S. 14 – 15.
- Kraterseen sind nur eine der vielen
durch Vulkantätigkeit entstandenen
Landschaftsformen. Weitere findest
du auf S. 48 – 49.

Das blaue Wasser des Lake
Oregon in den USA füllt eine
tiefe Caldera, die beim Ausbruch des Mount Mazama vor
6800 Jahren entstanden ist. Die
Insel in der Mitte des Sees ist
ein Vulkankegel, der sich vor
etwa 4670 Jahren bildete.

SZENEN DER VERWÜSTUNG

Beim Ausbruch des Mount St. Helens
starben 60 Menschen. Die meisten
fielen der Druckwelle zum Opfer, die
sich mit 1200 km/h ausbreitete. Dann
folgten Lawinen, Schlammströme und
Aschewolken.

Die Druckwelle walzte Bäume auf einer
Fläche von 600 km² nieder und tötete Zehntausende von Tieren. Die Wissenschaftler
der amerikanischen Forstbehörde befürchten,
dass es ein Jahrhundert dauern wird, bis sich
die Umwelt vollständig erholt hat

Eine riesige
Aschesäule
schießt empor.

Gesteinsmassen ergossen sich in
den Spirit Lake und den Toutle
River. Das überschwappende
Wasser löste Schlammströme
aus, die Häuser, Brücken,
Straßen und Bäume zerstörten.

Gestein, heiße Asche
und Lava ergießen sich
talwärts. Schmelzender
Schnee vermischt sich mit
Asche zu Schlammströmen.

Der Wind trieb die Aschewolke rund
1500 km weit nach Osten. In manchen
Gegenden verdunkelte sie die Sonne,
beschädigte Maschinen und Autos
und verursachte Atemprobleme. Die
Asche gelangte zwar in die Atmosphäre, hatte aber keine dauerhaf-
ten Auswirkungen auf das Klima.

Seismograf
auf dem Mond

Eisgeysir
auf dem Neptun

Sonde Sojourner
auf dem Mars

Außerirdische Vulkane

Auf mehreren Planeten und Monden, darunter dem Mond der Erde, gibt es Spuren vulkanischer Aktivität und auf einigen aktive Vulkane. Wissenschaftler beobachten den Vulkanismus auf anderen Planeten und Monden mit Teleskopen, studieren von Raumsonden gemachte Bilder, untersuchen das Gestein von Meteoriten und das Gestein, das Astronauten vom Mond mitgebracht haben.

Alte Lavaströme auf dem Mond sind als dunkle Flecken in riesigen Einschlagkratern zu erkennen. Die Untersuchung von Mondsteinproben hat ergeben, dass sie aus einer Art Basalt bestehen.

Auf dem Mars gibt es erloschene Vulkane, alte Lavaströme und einige Pyroklastite. Auf der Venus wurden hohe Schildvulkane und gewaltige Lavaströme entdeckt, die möglicherweise erst vor relativ kurzer Zeit entstanden sind. Besonders heftig geht es auf dem Jupitermond Io zu. Seine riesigen Vulkane speien gewaltige Mengen von Schwefeldampf aus. Die Schwefelablagerungen haben seine Oberfläche in Gelb- und Rottönen gefärbt. Sogar auf den gasförmigen Planeten Saturn und Neptun und ihren Monden gibt es Anzeichen dafür, dass diese gefrorenen Himmelskörper mit Eisgeysiren übersät sind.

Dieses Bild wurde von Computern anhand der Daten erstellt, die die Raumsonde Magellan gesammelt hat. Es zeigt den Maat Mons, einen der größten Vulkane auf der Venus. Er ist 5000 m hoch und von riesigen Lavaströmen umgeben, die auf diesem Bild als helle Flächen erscheinen.

Zu den auffälligsten Gebieten auf dem Mars gehört der riesige Vulkan Olympus Mons. Er hat einen Durchmesser von 600 km, ist 25 km hoch und von 4000 bis 8000 m hohen Klippen umgeben. Alle Hawaii-Inseln könnten bequem in ihm untergebracht werden.

SEI AKTIV!
Mondbetrachtung

Schon mit einem einfachen Fernglas kannst du die Lavaebenen auf dem Mond genauer betrachten. Die beste Zeit dafür liegt zwischen Neumond und Vollmond, weil dann Schatten die Umrisse der Mondlandschaft besonders deutlich hervortreten lassen. Mithilfe des Bildes auf der gegenüberliegenden Seite unten kannst du die größten Maria ausfindig machen. Außerdem kannst du die dunklen Ebenen und viele Krater von früheren Meteoriten-Einschlägen erkennen. Die Astronauten von Apollo 11 sind im Mare Tranquilitatis gelandet. Stell dir vor, du könntest die Vulkane auf dem Mond an Ort und Stelle erforschen!

LAVASTRÖME AUF DEM MOND
Die Oberfläche unseres Mondes ist mit riesigen Kratern übersät. In ihnen gibt es gewaltige Lavaflächen, die Maria genannt werden. Und so sind sie entstanden:

Vor 3 bis 4 Milliarden Jahren schlugen zahlreiche große Asteroiden auf dem Mond ein. Dadurch entstanden Krater mit Durchmessern bis zu 1450 km. Schockwellen, ausgelöst durch diese Zusammenstöße, zerbrachen die darunter liegende Kruste.

WÖRTERBUCH

Der **MAAT MONS** wurde nach Maat, der ägyptischen Göttin der Wahrheit und Gerechtigkeit benannt. Der **OLYMPUS MONS** erhielt seinen Namen nach dem Berg Olymp, dem Sitz der Götter in der griechischen Mythologie. Mons ist das lateinische Wort für „Berg".

MARE ist gleichfalls ein lateinisches Wort und bedeutet „Meer". Die Mehrzahl von Mare ist **MARIA**.

SCHON GEWUSST?

Der Olympus Mons auf dem Mars ist 20-mal so groß wie der Mauna Loa, der größte Vulkan auf der Erde. Die Erdkruste würde unter dem Gewicht eines so riesigen Vulkans vermutlich zerbrechen.

Die Vulkane auf dem Mond sind seit mehr als einer Milliarde Jahren erloschen. Trotzdem ist die Lava noch heute zu sehen, weil weder Pflanzen noch Wasser sie verdecken.

WEGWEISER

• Um herauszufinden, wie sich das Innere der Erde von dem ihrer Nachbarplaneten unterscheidet, lies S. 8.

• Einige Vulkane auf der Erde speien große Mengen Schwefel aus. Wie sich das auf das Klima auswirkt, steht auf S. 44–45.

• Auch Teile der Erde sind mit zu Basalt verhärteter Lava bedeckt. Mehr darüber auf S. 48–49.

Die Oberfläche des Jupitermondes Io ist mit Vulkanen und Lavaströmen übersät. Aus den Vulkanen schießen bis zu 300 km hohe Fontänen aus Schwefel und Schwefeldioxid. Eine ist oben auf dem Foto zu sehen.

Mare Serenitatis

Mare Imbrium

Mare Tranquillitatis

Mare Foecunditatis

Die Bruchstellen verringerten den Druck auf die Kruste. So konnten sich gewaltige Mengen von geschmolzenem Gestein ansammeln und zur Oberfläche emporsteigen. Im Laufe der Zeit füllten sie die Krater und bildeten Lavaseen, die Maria.

Die mit Lava gefüllten Krater sind als dunkle Flecken auf der Mondoberfläche zu erkennen, weil sie sich von dem helleren Außengestein abheben. Manche der Lavaebenen haben Durchmesser von Tausenden von Kilometern.

Worterklärungen

Aa   Erstarrte Lava mit zerklüfteter Oberfläche.

Abschiebung   Ein Bruch in Gesteinsschichten, bei dem eine Seite in einem Winkel zwischen 45 und 90 Grad abgesackt ist.

Aerosol   In der Luft schwebende Mischung aus Staubkörnchen und Wassertröpfchen.

Aktiver Vulkan   Ein Vulkan, der von Zeit zu Zeit Gase und Lava ausspeit. Zwischen den Ausbrüchen können Wochen oder Jahrhunderte liegen. Auch tätiger Vulkan.

Asche   Feine Gesteins- und Lavateilchen, die beim Ausbruch eines Vulkans herausgeschleudert werden.

Asthenosphäre   Eine Schicht im oberen Erdmantel, die so weich ist, dass sie fließt. An manchen Stellen ist das Gestein geschmolzen.

Aufschiebung   Ein Bruch in Gesteinsschichten, bei dem eine Seite in einem Winkel zwischen 45 und 90 Grad hochgeschoben wurde.

Bimsstein   Ein glasartiges Vulkangestein, das sehr viel Luft enthält und deshalb so leicht ist, dass es auf Wasser schwimmt.

Caldera   Eine große, runde Vertiefung, die entsteht, wenn ein Vulkan oberhalb seiner Magmakammer einbricht.

Divergierender Rand   Eine Zone zwischen zwei tektonischen Platten, die auseinanderdriften.

Epizentrum   Der Punkt an der Erdoberfläche, der direkt über dem Hypozentrum (dem Herd) eines Erdbebens liegt.

Erloschener Vulkan   Ein Vulkan, der seit langer Zeit nicht mehr aktiv war und bei dem nicht damit zu rechnen ist, dass er jemals wieder ausbrechen wird.

Eruption   Der Ausbruch eines Vulkans, bei dem Lava und Gase aus dem Erdinnern an die Oberfläche und in die Atmosphäre geschleudert werden.

Flutbasalt   Dicke, zu Basalt erstarrte Lavaschicht, die eine Hochebene bildet.

Gang   Eine Spalte in Gestein, in der sich aufgestiegenes Magma abgelagert hat. Gänge können senkrecht, waagerecht oder schräg verlaufen.

Geothermale Energie   Energie, die aus dem Erdinnern gewonnen wird – aus heißem Gestein, heißem Wasser oder Dampf.

Geysir   Eine Öffnung in der Erdoberfläche, aus der von Zeit zu Zeit – meist in regelmäßigen Abständen – eine Fontäne aus kochend heißem Wasser herausschießt.

Glutlawine   Auch Glutwolke oder nuée ardente genannt. Eine dichte, heiße Masse aus vulkanischen Gasen, Lava und Gesteinsbrocken, die sich nach einem Vulkanausbruch mit großer Geschwindigkeit an der Flanke des Berges herabwälzt.

Graben   Ein breites Tal, das sich bildet, wenn Gesteinsschichten zwischen zwei parallelen Verwerfungen absacken.

Hot Spot   (engl.: heiße Stelle) Region mit extrem heißem Gestein im Erdinnern.

Hypozentrum   Auch Herd genannt. Der Ort in der Erde, an dem in Gestein aufgestaute Energie plötzlich in Form von Erdbebenwellen freigesetzt wird.

Inselbogen   Eine bogenförmige Kette von Vulkaninseln, die sich über abtauchendem Meeresboden gebildet hat.

Kern   Der Mittelpunkt der Erde. Der feste innere Kern ist vom geschmolzenen

äußeren Kern umgeben. Beide bestehen aus einer Nickel-Eisen-Legierung.

Kissenlava   Lava, die zu rundlichen Hügeln erstarrt ist. Das passiert, wenn sie schnell abkühlt, weil sie unter Wasser ausgebrochen ist oder in Wasser fließt.

Kontinent   Eine der sieben großen Landmassen der Erde: Afrika, Antarktis, Asien, Australien, Europa, Nord- und Südamerika.

Konvektionsstrom   Eine Strömung, die Wärme durch sich bewegendes Material wie etwa das heiße Gestein im Erdmantel befördert.

Konvergierender Rand   Die Zone zwischen zwei tektonischen Platten, die aufeinander zudriften.

Krater   Eine runde Vertiefung, die durch den Ausbruch eines Vulkans (Vulkankrater) oder den Einschlag eines Meteoriten (Meteoritenkrater) entstanden ist.

Kratersee   Ein Krater, der sich mit Wasser gefüllt hat. Er kann ständig oder nur zu bestimmten Jahreszeiten gefüllt sein.

Kruste   Die äußere, feste Schicht der Erde. Ihre Dicke schwankt zwischen 5 km unter den Ozeanen und 70 km unter den Kontinenten.

Lahar   Ein von einem Vulkanausbruch ausgelöster Schlammstrom.

Lakkolith   Ein pilzförmiger Einschluss aus Vulkangestein, der sich bildete, als aufsteigendes Magma Gesteinsschichten nach oben drängte.

Lava   Geschmolzenes Gestein, das von einem Vulkan bei einer Eruption herausgeschleudert wird.

Lavabombe   Ein aus einem Vulkan herausgeschleuderter Klumpen Lava mit einem Durchmesser von gewöhnlich mehr als drei Zentimetern.

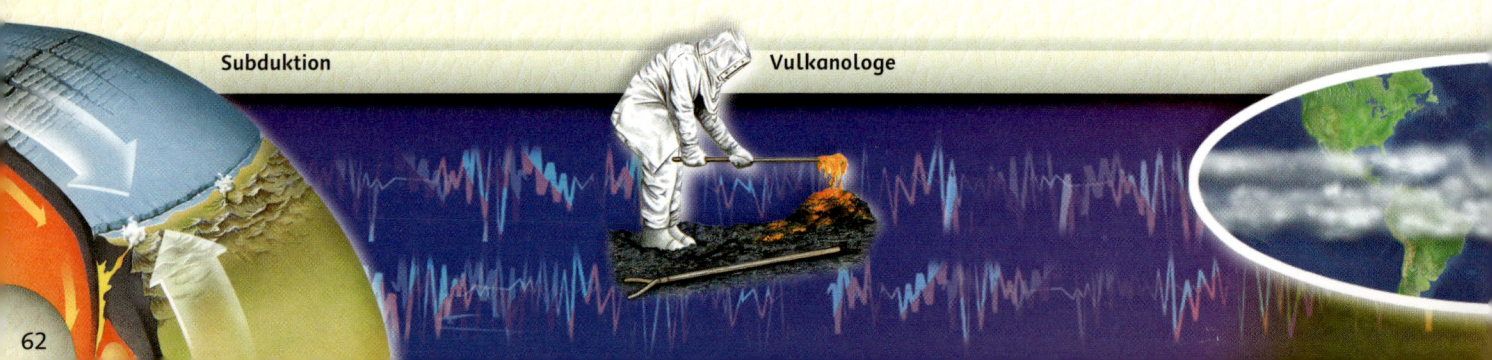

Lavastrom Aus einem Vulkan ausgebrochene Lava, die sich über das umliegende Land ergießt.

Lavatunnel Ein unterirdischer Lavastrom, der sich bildet, wenn der Ausgang einer Spalte verstopft ist.

Lithosphäre Der erstarrte äußere Teil der Erde. Er besteht aus der Kruste und der obersten Schicht des Mantels.

Magma Geschmolzenes Gestein im Erdinnern. Es kann sich dort verfestigen oder in Form von Lava an der Oberfläche zum Vorschein kommen.

Magmakammer Eine Ansammlung von Magma im oberen Bereich der Lithosphäre, aus der vulkanische Materialien ausbrechen können.

Magnitude Die Stärke eines Erdbebens, gemessen an der Energiemenge, die freigesetzt wird. Seismologen messen die Magnitude eines Erdbebens mithilfe der Richterskala, die bei 0 beginnt und nach oben offen ist.

Mantel Die Schicht zwischen der Kruste und dem äußeren Kern der Erde. Sie besteht aus dem unteren Mantel und der Asthenosphäre, die flüssig sind, sowie der Lithosphäre, die die feste oberste Schicht des Mantels ist.

Mare Eine dunkle, tief liegende, ebene und relativ glatte Gesteinsebene auf dem Mond, die entstanden ist, als Lava einen Meteoritenkrater füllte.

Meteorit Ein Materiebrocken aus dem Weltraum, der die Erdatmosphäre durchdrungen hat und auf der Erde gelandet ist.

Mineral Eine chemische Verbindung mit einer bestimmten Atomstruktur. Minerale sind feste Stoffe; aus ihnen bestehen sämtliche Gesteine der Erde.

Mittelozeanischer Rücken Ein langes Gebirge, das durch Vulkantätigkeit an den Rändern divergierender ozeanischer Platten auf dem Meeresboden entstanden ist.

Nachbeben Eine Erschütterung, die auf ein starkes Beben folgt und vom Hypozentrum des ursprünglichen Bebens oder von einem Punkt in seiner Nähe ausgeht.

Oberflächenwelle Eine seismische Welle, die an der Erdoberfläche entlangwandert. Sie trifft nach den Primär- und Sekundärwellen ein und bewegt den Grund auf und ab und von einer Seite zur anderen.

Pahoehoe Mit einer glatten, schnurähnlichen Oberfläche erstarrte Lava.

Primärwelle Eine seismische Welle, abgekürzt P-Welle genannt, die das Gestein, das sie durchläuft, zusammenpresst und auseinanderzerrt. Sie wird Primärwelle genannt, weil sie bei einem Erdbeben als erste eintrifft, vor der Sekundärwelle.

Pyroklastite Sammelbezeichnung für alle vulkanischen Auswurfsmaterialien.

Ruhender Vulkan Ein Vulkan, der nicht aktiv ist, aber wieder ausbrechen könnte. Auch untätiger oder inaktiver Vulkan.

Schildvulkan Ein breiter, flacher Vulkan, der sich aus langsam und kontinuierlich fließender Lava gebildet hat und der von oben betrachtet wie ein Schild aussieht.

Schlammstrom Ein Fluss aus Asche, Schlamm und Wasser, der durch ein Erdbeben oder einen Vulkanausbruch verursacht wurde. Von Vulkanausbrüchen ausgelöste Schlammströme werden auch Lahars genannt.

Schlot Senkrecht verlaufende Hauptröhre eines Vulkans.

Schwarzer Schlot Eine Röhre in einem mittelozeanischen Rücken, aus der heißes Wasser hervorquillt, das viele Mineralien enthält.

Seismogramm Die Darstellung von Erderschütterungen in Form einer gezackten Linie auf Papier oder als Computerbild.

Seismologie Erdbebenkunde. Das Studium von natürlichen und künstlich herbeigeführten Erderschütterungen.

Seismometer Ein Instrument, das Erderschütterungen entdeckt, verstärkt und aufzeichnet.

Seitenverschiebung Auch Transform-Störung genannt. Eine Verwerfung, bei der sich Gesteine seitlich bewegt haben.

Sekundärwelle Eine seismische Welle, abgekürzt S-Welle genannt, die das Gestein, das sie durchläuft, von einer Seite zur anderen bewegt. Sie wird Sekundärwelle genannt, weil sie der zweite Wellentyp ist, der nach einem Erdbeben eintrifft.

Sinter Mineralische Ausscheidung aus Wasser.

Staukuppe Pfropfen aus erstarrter Lava, die den Schlot eines Vulkankraters verschließt.

Subduktion Ein Vorgang, bei dem der Rand einer tektonischen Platte unter den einer anderen abtaucht.

Tektonische Platte Starrer Teil der Lithosphäre der Erde, der auf der Asthenospäre schwimmt.

Tsunami Das japanische Wort für eine von einem Erdbeben, einem Erdrutsch oder der Druckwelle eines Vulkanausbruchs ausgelöste Meereswelle.

Verwerfung Eine Bruchzone, die dadurch entsteht, dass sich Gesteine in entgegengesetzte Richtungen oder mit unterschiedlichem Tempo bewegen.

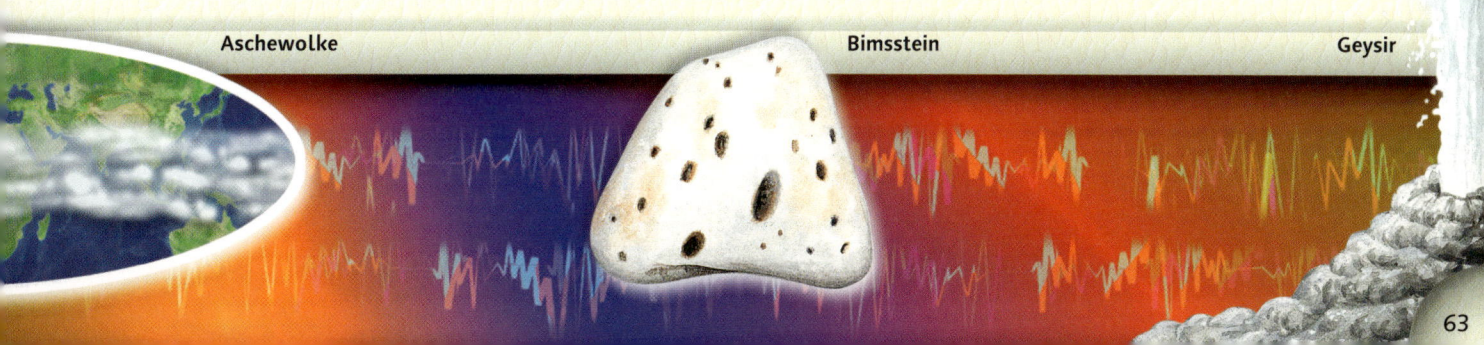

Aschewolke

Bimsstein

Geysir

Register

Bibliografische Information der Deutschen Nationalbibliothek
Die Deutsche Nationalbibliothek verzeichnet diese Publikation in der Deutschen Nationalbibliografie.
Detaillierte bibliografische Daten sind im Internet über http://dnb.d-nb.de abrufbar.

3 2 1   11 10 09

© 2009 Ravensburger Buchverlag Otto Maier GmbH · Postfach 1860 · 88188 Ravensburg
für die deutsche Ausgabe. Alle Rechte, auch die des auszugsweisen Nachdrucks, der fotomechanischen
Wiedergabe und der Übersetzung, vorbehalten.

Titel der Originalausgabe: Earthquakes and Volcanoes · © 2000 Weldon Owen Pty Limited
Text: Lin Sutherland · Illustrationen: Richard Bonson/Wildlife Art Ltd, Chris Forsey, Ray Grinaway,
James McKinnon, Stuart McVicar, John Richards · Übersetzung aus dem Englischen: Christel Wiemken
Printed in Germany
ISBN 978-3-473-55278-8

www.ravensburger.de